高职高专"十三五"规划教材·通信类

《通信工程概预算》学习指导

主 编 于正永

U0378730

西安电子科技大学出版社

内 容 简 介

  本书是《通信工程概预算》(于正永、束美其、谌梅英主编,西安电子科技大学出版社2018年出版)一书的配套教材,其内容包括自我测试解答和技能实训剖析。

  "自我测试解答"部分对主教材中各章的"自我测试"题进行了解析,其解答过程详尽,并给出了参考答案;"技能实训剖析"部分对主教材中部分章的"技能实训"项目进行了剖析,给出了参考结果,便于学生自学,对学生可持续发展能力的培养有着重要的作用。

  本书可作为高职高专院校通信技术、移动通信技术、通信工程设计与监理等相关专业通信工程概预算课程的配套辅导书,同时也可作为从事通信工程勘察、设计、施工及监理等方面工作的工程技术人员的学习资料。

图书在版编目(CIP)数据

《通信工程概预算》学习指导 / 于正永主编. —西安:西安电子科技大学出版社,2018.11
ISBN 978-7-5606-5134-7

Ⅰ. ① 通… Ⅱ. ① 于… Ⅲ. ① 通信工程—概算编制 ② 通信工程—预算编制
Ⅳ. ① TN91

中国版本图书馆 CIP 数据核字(2018)第 236272 号

策划编辑 高 樱
责任编辑 王 艳 雷鸿俊
出版发行 西安电子科技大学出版社(西安市太白南路 2 号)
电 话 (029)88242885 88201467 邮 编 710071
网 址 www.xduph.com 电子邮箱 xdupfxb001@163.com
经 销 新华书店
印刷单位 陕西天意印务有限责任公司
版 次 2018 年 11 月第 1 版 2018 年 11 月第 1 次印刷
开 本 787 毫米×960 毫米 1/16 印 张 8
字 数 133 千字
印 数 1~3000 册
定 价 18.00 元

ISBN 978-7-5606-5134-7/TN

XDUP 5436001-1

如有印装问题可调换

前　　言

　　本书是西安电子科技大学出版社出版的《通信工程概预算》(ISBN：978-7-5606-4751-7)一书的配套教材，旨在满足全国相关高职院校教师教学之需和通信建设工程概预算人员技术培训之需，同时本书也可作为从事通信工程勘察、设计、施工及监理等方面工作的工程技术人员的学习资料。

　　本书一方面针对《通信工程概预算》主教材中各章的"自我测试"中的习题进行了解析，解答过程详尽，并给出了参考答案；另一方面针对《通信工程概预算》主教材中部分章的"技能实训"中的实训项目进行了剖析，给出了参考结果，便于学生自我学习，对学生可持续发展能力的培养有着重要的作用。

　　淮安信息职业技术学院于正永担任本书主编，并负责全书的撰写和统稿工作。在本书的编写过程中，得到了淮安信息职业技术学院计算机与通信工程学院各位领导和老师的大力支持，也得到了西安电子科技大学出版社领导和相关人员的关心与帮助，在此对他们表示诚挚的感谢。

　　由于编者水平有限，书中难免有不妥之处，恳请广大读者批评指正。读者可以通过电子邮件 yonglly@sina.com 直接与编者联系。

编　者

2018 年 7 月

目　　录

第1章 信息通信建设工程概预算基础

自我测试解答

一、填空题

1. 建设程序是指建设项目从项目建议、可行性研究、评估、决策、_____、施工到竣工验收、投入生产或交付使用的整个建设过程中，各项工作必须遵循的先后顺序的法则。

【答案】 设计

2. _____是根据批准的可行性研究报告，以及有关的设计标准、规范，并通过现场勘察工作取得可靠的设计基础资料后进行编制的。

【答案】 初步设计

3. 根据工程建设特点和工程项目管理的需要，将工程设计划分为_____、_____和_____。

【答案】 一阶段设计 两阶段设计 三阶段设计

4. 建设项目按照其投资性质的不同，可分为_____和_____两类。

【答案】 基本建设项目 技术改造项目

5. 建设工程项目的设计概预算是指_____和_____的统称。

【答案】 初步设计概算 施工图设计预算

6. 一般来说，概算要套用概算定额，预算要套用_____。目前在我国，没有专门针对通信建设工程的概算定额，在编制通信建设工程概算时，通过使用_____代替概算定额。

【答案】 预算定额 预算定额

7. 建设项目在施工图设计阶段编制_____。预算的组成一般应包括工程费和_____。若为一阶段设计时的施工图预算，除工程费和_____之外，还应计列_____。

【答案】 施工图预算　工程建设其他费　工程建设其他费　预备费

8. 一个建设项目一般可以包括一个或若干个_____。单位工程是_____的组成部分，而_____是单位工程的组成部分，_____是分部工程的组成部分。

【答案】 单项工程　单项工程　分部工程　分项工程

9. 工程造价是指建设一项工程预期开支或实际开支的_____费用。

【答案】 全部固定资产投资

10. 可行性研究的主要目的是对项目在技术上是否可行和_____进行科学的分析和论证。

【答案】 经济上是否合理

11. 建设工程招标依照《中华人民共和国招标投标法》规定，可采用_____和_____两种形式。

【答案】 公开招标　邀请招标

12. 工程造价主要有_____、_____和组合性等特征，熟悉这些特征，对工程造价的确定和控制十分必要。

【答案】 单件性计价　多次性计价

二、简答题

1. 简述建设项目、单项工程、单位工程、分部工程和分项工程的区别与联系。

【答】 建设项目是指按照一个总体设计进行建设，经济上实现统一核算，行政上具有独立的组织形式，实行统一管理，由一个或若干个具有内在联系的工程所组成的总体。

单项工程是指具有单独的设计文件，建成后能够独立发挥生产能力或经济效益的工程。单项工程是建设工程项目的组成部分，一个建设工程项目可以仅包含一个单项工程，也可以包含多个单项工程。

单位工程是指具有独立的设计文件、独立的施工条件并能形成独立的使用功能，但竣工后不能独立发挥生产能力或工程效益的工程。单位工程是单项工程的组成部分。

分部工程是单位工程的组成部分。分部工程一般按专业性质、工程种类、工程部位来划分，也可按单位工程的构成部分来划分。

分项工程是分部工程的组成部分，分部工程一般由若干个分项工程构成。分项工程一般是按照不同的施工方法、不同的材料及构件规格，将分部工程分解为一些简单的施工过程，它是工程中最基本的单位内容。

2．简述通信工程项目的建设流程。

【答】　一般的大中型和限额以上的建设项目从建设前期工作到建设、投产要经过项目建议书、可行性研究、初步设计、年度计划、施工准备、施工图设计、施工招投标、开工报告、质量监督申报、施工、初步验收、试运行、竣工验收、竣工验收备案等环节。具体到通信行业基本建设项目和技术改造建设项目，尽管其投资管理、建设规模等有所不同，但在建设过程中的主要程序基本相同。通信工程项目具体的建设流程如图 T1-1 所示。

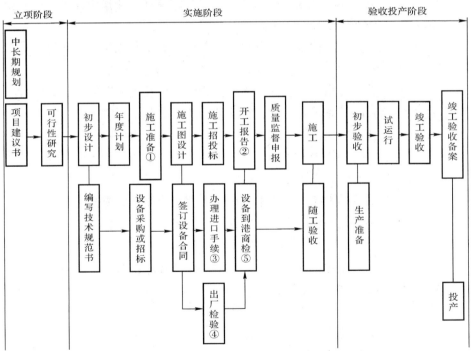

①施工准备：包括征地、拆迁、"三通一平"、地质勘探等。
②开工报告：属于引进项目或设备安装项目（没有新建机房），设备发运后，即可编写开工报告。
③办理进口手续：引进项目按国家有关规定办理报批及进口手续。
④出厂检验：对复杂设备（无论购置国内、国外的）都要进行出厂检验工作。
⑤设备到港商检：非引进项目为设备到货检查。

图 T1-1　通信工程项目建设流程

由图 T1-1 可见，通信工程项目具体的建设流程分为三大阶段：

(1) 立项阶段。立项阶段是通信工程建设的第一阶段，包括中长期规划、项目建议书、可行性研究、可行性研究报告以及专家评估等环节。

(2) 实施阶段。实施阶段可以划分为工程设计和工程施工两大部分，具体来说，主要包括初步设计、年度计划、施工准备、施工图设计、施工招投标、开工报告、质量监督申报和施工等环节。

(3) 验收投产阶段。为了保证通信建设工程项目的施工质量，工程项目结束后，必须经验收合格后才能投产使用。本阶段主要包括初步验收、试运行、竣工验收和竣工验收备案四个环节。

3. 简述设计概算的作用。

【答】 设计概算的作用具体包括：

(1) 设计概算是确定和控制固定资产投资、编制和安排投资计划、控制施工图预算的主要依据。

(2) 设计概算是签订建设工程项目总承包合同、实行投资包干和核定贷款额度的主要依据。

(3) 设计概算是考核工程设计技术经济合理性以及工程造价的主要依据。

(4) 设计概算是筹备设备、材料和签订订货合同的主要依据。

(5) 在工程招标承包制中，设计概算是确定标底的主要依据。

4. 简述施工图预算的作用。

【答】 施工图预算的作用具体包括：

(1) 施工图预算是考核工程成本、确定工程造价的主要依据。

(2) 施工图预算是签订工程承、发包合同的依据。

(3) 施工图预算是工程价款结算的主要依据。

(4) 施工图预算是考核施工图设计技术、经济合理性的主要依据。

5. 简述工程造价的主要作用。

【答】 工程造价的主要作用包括：

(1) 工程造价是项目决策的工具。

(2) 工程造价是制订投资计划和控制投资的有效工具。

(3) 工程造价是筹集建设资金的主要依据。

(4) 工程造价是进行利益合理分配和产业结构有效调节的手段。

(5) 工程造价是评估投资效果的重要指标之一。

第2章 信息通信建设工程定额

自我测试解答

一、填空题

1. 按定额反映物质消耗的内容，可以将定额分为_____、机械消耗定额以及_____三种。

【答案】 劳动消耗定额　材料消耗定额

2. 信息通信建设工程定额有_____定额和_____定额。

【答案】 预算　费用

3. 预算定额子目编号由三部分组成：第一部分为汉语拼音缩写(三个字母)，表示_____；第二部分为一位阿拉伯数字，表示定额子目_____；第三部分为三位阿拉伯数字，表示定额子目在章内的序号。

【答案】 预算定额的名称　所在章的章号

4. 预算定额的主要特点有_____、技普分开和_____。

【答案】 量价分离　严格控制量

5. 定额具有科学性、_____、_____、权威性和强制性、稳定性和时效性等特点。

【答案】 系统性　统一性

6. 《信息通信建设工程预算定额》每册主要由_____、册说明、章节说明、_____和必要的附录构成。

【答案】 总说明　定额项目表

7. 预算定额中注有"XX 以上"，其含义是_____本身。(填写"包括"或"不包括")

【答案】 不包括

二、判断题

1. 2016版《信息通信建设工程预算定额》中的材料包括直接构成工程实体的主要材料和辅助材料。 （ ）

【答案】 ×。定额总说明中提及定额中仅计列构成工程实体的主要材料，辅助材料以费用的方式表现，其计算方法按照《信息通信建设工程费用定额》的相关规定执行。

2. 定额中包含施工用水、电、蒸汽消耗量。 （ ）

【答案】 ×。定额不含施工用水、电、蒸汽消耗量，此类费用在设计概算、预算中根据工程实际情况在建筑工程费中按相关规定计列。

3. 拆除旧人(手)孔时，应不含挖填土方工程量。 （ ）

【答案】 √。详见定额手册《第五册 通信管道工程》中第75页备注内容。

4. 设计概、预算的计价单位划分应与定额规定的项目内容相对应，才能直接套用。 （ ）

【答案】 √。详见《通信工程概预算》教材中"2.2.7 预算定额的使用方法"。

5. 《信息通信建设工程预算定额》中"量价分离"的原则是指定额中只反映人工、主材、机械台班的消耗量，而不反映其单价。 （ ）

【答案】 ×。"量价分离"的原则是指定额中只反映人工、主材、机械和仪表台班的消耗量，而不反映其单价。

6. 当"预算定额"用于扩建工程时，所有定额均乘以扩建调整系数。（ ）

【答案】 ×。预算定额手册总说明中提及，预算定额用于扩建工程时，其扩建施工降效部分的人工工日按乘以系数1.1计取。

7. "预算定额"仅适用于海拔高程2000 m以下、地震烈度为7度以下的地区，超过上述情况时无法进行套用。 （ ）

【答案】 ×。预算定额手册总说明中提及，本定额适用于海拔高程2000 m以下、地震烈度为7度以下的地区，超过上述情况时，按有关规定处理。

8. 定额的时效性与稳定性是相互矛盾的。 （ ）

【答案】 ×。两者并不矛盾，稳定性是相对的，只能反映一定时期的生产力水平；同时定额也具有时效性，当定额不再起到促进生产力发展的作用时，就要重新编制或修订。

9．对于同一定额项目名称，若有多个相关系数，此时应采取连乘的方法来确定定额量。　　　　　　　　　　　　　　　　　　　　　　　　（　　）

【答案】　×。只能参照较高标准计取一次，不应重复计列。

10．2016 版《信息通信建设工程预算定额》手册的开始实施时间是 2016 年 12 月 30 日。　　　　　　　　　　　　　　　　　　　　　　（　　）

【答案】　×。开始实施时间是 2017 年 5 月 1 日。

11．2016 版《信息通信建设工程预算定额》手册对施工机械的价值界定为 2000 元以上。　　　　　　　　　　　　　　　　　　　　　　　　　　（　　）

【答案】　√。《信息通信建设工程施工台班单价定额》规定只有价值在 2000 元以上的机械、仪表才能计取对应的台班消耗量。

12．价值为 1800 元的仪表属于定额中"仪表台班"中的"仪表"。（　　）

【答案】　×。只有价值在 2000 元以上的仪表才能计算其台班消耗量，低于 2000 元的不能计取仪表台班量。

13．通信设备安装工程均按技工计取工日。　　　　　　　　　（　　）

【答案】　√。通信设备安装工程包括有线和无线，定额手册中册说明中提及"本册定额人工工日均以技工作业取定"。

14．"预算定额"中只反映主要材料，其辅助材料可按费用定额的规定另行处理。　　　　　　　　　　　　　　　　　　　　　　　　　　　　　（　　）

【答案】　√。见预算定额手册中总说明。

15．预算定额手册中人工消耗量包括基本用工和辅助用工。　（　　）

【答案】　×。预算定额手册总说明中提及"定额人工消耗量包括基本用工、辅助用工和其他用工"。

三、选择题

1．室外通道光缆套用管道光缆定额子目,但其人工工日调整系数为(　　)。

A．60%　　　　　　　　　　　　　B．70%

C．80%　　　　　　　　　　　　　D．90%

【答案】　B。详见《第四册　通信线路工程》第四章第一节"二、敷设管道(室外通道、管廊)光缆"备注，即室外通道、管廊中布放光缆按本管道光缆相应子目工日的 70% 计取；光缆托板、托板垫由设计按实计列，其他主材同本定额。

2. 对于 2 芯电力电缆的布放，按单芯相应工日乘以系数( )计取。

A. 1.2　　　　　　　　　　B. 1.3

C. 1.5　　　　　　　　　　D. 1.1

【答案】 D。详见《第一册　通信电源设备安装工程》对应定额的备注，即对于 2 芯电力电缆的布放，按单芯相应工日乘以系数 1.1 计取；对于 3 芯及 3 + 1 芯电力电缆的布放，按单芯相应工日乘以系数 1.3 计取；对于 5 芯电力电缆的布放，按单芯相应工日乘以系数 1.5 计取。

3. "预算定额"适用于通信工程新建、扩建工程，( )可参照使用。

A. 恢复工程　　　　　　　　B. 大修工程

C. 改建工程　　　　　　　　D. 维修工程

【答案】 C。详见定额手册总说明第四条。

4. 布放泄漏式射频同轴电缆定额工日，按布放射频同轴电缆相应子目工日乘以系数( )进行计算。

A. 1.1　　　　　　　　　　B. 1.3

C. 1.5　　　　　　　　　　D. 1.6

【答案】 A。详见《第三册　无线通信设备安装工程》对应定额的备注，即布放泄漏式射频同轴电缆定额工日，按本定额相应子目工日乘以系数 1.1 计取。

5. 通信线路工程当其工程规模较小时，人工工日以总工日为基数进行调整，当工程总工日为 100～250 工日时，其按( )规定系数进行调整。

A. 增加 15%　　　　　　　B. 增加 20%

C. 增加 10%　　　　　　　D. 增加 14%

【答案】 C。详见《第四册　通信线路工程》册说明第二条。

6. 定额中的主要材料消耗量包括直接用于安装工程中的( )。

A. 直接使用量、运输损耗量

B. 直接使用量和预留量

C. 主要材料净用量和规定的损耗量

D. 预留量和运输损耗量

【答案】 C。详见定额手册总说明"八、关于材料"。

7. 按定额的编制程序和用途，可以将定额分为施工定额、预算定额、概算定额、投资估算指标以及(　　)五种。

　　A. 企业定额　　　　　　　　B. 临时定额

　　C. 行业定额　　　　　　　　D. 工期定额

【答案】 D。

8. 册名为 TSW 表示(　　)。

　　A. 通信电源设备安装工程

　　B. 有线通信设备安装工程

　　C. 无线通信设备安装工程

　　D. 通信管道工程

【答案】 C。

9.《无线通信设备安装工程》预算定额用于拆除天、馈线及室外基站设备时，定额规定的人工调整系数为(　　)。

　　A. 0.7　　　　　　　　　　B. 0.4

　　C. 1.1　　　　　　　　　　D. 1.0

【答案】 D。详见《第三册　无线通信设备安装工程》册说明第四条。

10. 某通信线路工程在位于海拔 2000 m 以上和原始森林地区进行室外施工，如果根据工程量统计的工日为 1000 工日，海拔 2000 m 以上和原始森林调整系数分别为 1.13 和 1.3，则总工日应为(　　)。

　　A. 1130　　　　　　　　　　B. 1469

　　C. 2430　　　　　　　　　　D. 1300

【答案】 D。根据定额手册总说明第十二条要求，若在施工中同时存在两种以上特殊情况时，只能参照较高标准计取一次，不应重复计列。即

$$总工日 = 1000 \times 1.3 = 1300 \text{ 工日}$$

11.《信息通信建设工程预算定额》用于扩建工程时，其扩建施工降效部分的人工工日按乘以系数(　　)计取。

　　A. 1.0　　　　　　　　　　B. 1.1

　　C. 1.2　　　　　　　　　　D. 1.3

【答案】 B。详见定额手册总说明第四条。

12. 下列施工仪表单价在(　　)元可计入施工仪表台班消耗量。

　　A. 1500　　　　　　　　　　B. 1800

C. 1900　　　　　　　　D. 2200

【答案】 D。详见定额手册总说明第十条，即价值在 2000 以上的施工仪表才可以计取仪表台班消耗量。

四、简答题

1. 什么是定额？有哪些特点？

【答】 定额是指在一定的生产技术和劳动组织条件下，完成单位合格产品在人力、物力、财力的利用和消耗方面应当遵守的标准。

其特点包括：

(1) 科学性。一方面是指建设工程定额必须和生产力发展水平相适应，以反映出工程建设中生产消费的客观规律；另一方面是指建设工程定额管理在理论、方法和手段上必须科学化，以适应现代科学技术和信息社会发展的需要。

(2) 系统性。首先，建设工程定额本身是多种定额的结合体，其结构复杂、层次鲜明、目标明确，实际上，建设工程定额本身就是一个系统；其次，建设工程定额的系统性是由工程建设的特点决定的，工程建设本身的多种类、多层次就决定了以它为服务对象的建设工程定额的多种类、多层次，如各类工程建设项目的划分和实施过程中经历的不同逻辑阶段，都需要有一套多种类、多层次的建设工程定额与之相适应。

(3) 统一性。一方面，从定额的影响力和执行范围角度考虑，有全国统一定额、地区性定额和行业定额等，其层次清楚、分工明确，具有统一性；另一方面，从定额制定、颁布和贯彻执行角度考虑，定额有统一的程序、统一的原则、统一的要求和统一的用途，具有统一性。

(4) 权威性和强制性。建设工程定额一经主管部门审批颁布，就具有很大的权威性，具体表现在一些情况下建设工程定额具有经济法规性质和执行的强制性，并且反映了统一的意志和统一的要求，还反映了信誉和信赖程度。强制性反映了刚性约束，也反映了定额的严肃性，不得随意修改使用。

(5) 稳定性和时效性。建设工程定额反映了一定时期的技术发展和管理情况，体现出其稳定性，依据具体情况的不同，稳定的时间有长有短，保持建设工程定额的稳定性是维护建设工程定额的权威性所必需的，更是有效地贯彻建设工程定额所必需的。若建设工程定额常处于修改变动中，必然导致执行上的困难和混乱，使人们不能认真对待，易丧失其权威性。但建设工程定额的稳定性是相对的,任何一种建设工程定额都只能反映一定时期的生产力水平,当生产力发展时,原有的定额不再适用。

2.什么是概算定额?其作用是什么?

【答】 概算定额也称为扩大结构定额,它是以一定计量单位规定的建筑安装工程扩大结构、分部工程或扩大分项工程所需人工、材料、机械台班以及仪表台班的标准。概算定额是在预算定额的基础上编制的,比预算定额更具有综合性质,它是编制扩大初步设计概算、控制项目投资的有效依据。目前,信息通信建设工程中没有概算定额,在编制概算定额时,暂用预算定额代替。

概算定额的作用主要包括以下五点:

(1) 概算定额是编制概算、修正概算的主要依据。对不同的设计阶段而言,初步设计阶段应编制概算,技术设计阶段应编制修正概算,因此必须要有与设计深度相适应的计价定额,而概算定额则是为适应这种设计深度而编制的。

(2) 概算定额是设计方案比较的依据。设计方案的比较主要是对建筑、结构方案进行技术、经济比较,目的是选出经济合理的优秀设计方案。概算定额按扩大分项工程或扩大结构构件划分定额项目,可为设计方案的比较提供便利的条件。

(3) 概算定额是编制主要材料订购计划的依据。对于项目建设所需要的材料、设备,应先制定采购计划,再进行订购。根据概算定额的材料消耗指标来计算人工、材料数量比较准确、快速,可以在施工图设计之前提出计划。

(4) 概算定额是编制概算指标的依据。

(5) 对于实行工程招标承包制工程项目,概算定额是对其已完工程进行价款结算的主要依据。

3.《信息通信建设工程预算定额》手册共分几册?

【答】 工信部通信〔2016〕451 号《信息通信建设工程预算定额》手册共五册,分别为《第一册 通信电源设备安装工程》(册代号 TSD)、《第二册 有线通信设备安装工程》(册代号 TSY)、《第三册 无线通信设备安装工程》(册代号 TSW)、《第四册 通信线路工程》(册代号 TXL)、《第五册 通信管道工程》(册代号 TGD)。

4.现行信息通信建设工程定额的构成是什么?

【答】 现行信息通信建设工程定额主要执行的文件罗列如下:

(1) 工信部通信〔2016〕451号《信息通信建设工程预算定额》。主要包括：《第一册　通信电源设备安装工程》(册代号 TSD)、《第二册　有线通信设备安装工程》(册代号 TSY)、《第三册　无线通信设备安装工程》(册代号 TSW)、《第四册　通信线路工程》(册代号 TXL)、《第五册　通信管道工程》(册代号 TGD)。

(2) 工信部通信〔2016〕451号《信息通信建设工程概预算编制规程》。

(3) 工信部通信〔2016〕451号《信息通信建设工程费用定额》。

(4) 工信部通信〔2011〕426号关于发布《无源光网络(PON)等通信建设工程补充定额》的通知。

(5) 工业和信息化部〔2014〕6号《住宅区和住宅建筑内光纤到户通信设施工程预算定额》。

(6) 《关于印发〈基本建设项目建设成本管理规定〉的通知》(财建〔2016〕504号)。

(7) 《国家发展改革委关于进一步放开建设项目专业服务价格的通知》(发改价格〔2015〕299号)。

(8) 《关于印发〈企业安全生产费用提取和使用管理办法〉的通知》财企〔2012〕16号。

5. 2016版《信息通信建设工程预算定额》有哪些特点？套用定额时需要注意什么？

【答】 2016版《信息通信建设工程预算定额》具有严格控制量、实行量价分离和技普分开这三个特点。具体来说：

(1) 严格控制量。预算定额中的人工、主材、机械台班、仪器仪表台班的消耗量是法定的，任何单位和个人不得擅自调整。

(2) 实行量价分离。预算定额中只反映人工、主材、机械台班、仪器仪表台班的消耗量，而不反映其单价。单价由主管部门或造价管理归口单位根据市场实际情况另行发布。

(3) 技普分开。凡是由技工操作的工序内容均按技工计取工日，凡是由非技工操作的工序内容均按普工计取工日。要注意的是，对于第一册、第二册和第三册的设备安装工程一般均按技工计取工日(即普工为零)；对于通信线路工程和通信管道工程按上述相关要求分别计取技工工日和普工工日。

套用定额时需要注意以下几点：

(1) 准确确定定额项目名称。若不能准确确定定额项目名称，就无法找到与其对应的定额编号，且预算的计价单位应与定额项目表规定的定额单位一致，否则不能直接套用。另外，当遇到定额数量的换算时，应按定额规定的系数进行调整。

(2) 正确使用定额的计量单位。预算定额在编制时，为了保证预算价值的精确性，对许多定额项目，采用了扩大计量单位的办法，在使用定额时必须注意计量单位的规定，避免小数点定位错误的情况发生。

(3) 注意查看定额项目表下的注释。因为注释说明了人工、主材、材械台班、仪器仪表台班消耗量的使用条件和增减等相关规定，往往会针对特殊情况给出调整系数等。

五、综合题

套用 2016 版《信息通信建设工程预算定额》，完成表 T2-1 空格中的相关内容。

表 T2-1 工程定额项目的基本信息

定额编号	项 目 名 称	定额单位	数量	单位定额值(工日)		合计值(工日)	
				技工	普工	技工	普工
	立 8.5 m 水泥电杆(综合土，山区)		10 根				
	拆除架空自承式光缆(48 芯，清理入库)		600 m				
	布放光缆人孔抽水(流水)		15 个				
	人工敷设管道光缆(单模，24 芯)		1200 m				
	桥架内明布电缆(屏蔽 50 对以下)		500 m				
	百公里中继段光缆测试(36 芯，双波长)		3 个中继段				
	建筑物内开混凝土槽		300 m				
	安装四口 8 位模块式信息插座(带屏蔽)		60 个				

定额编号	项 目 名 称	定额单位	数量	单位定额值(工日)		合计值(工日)	
				技工	普工	技工	普工
	海拔 2500 m 原始森林地带开挖、松填光缆沟(冻土)		1000 m³				
	敷设厚度为 10 cm 的一平型(460 宽)混凝土管道基础(C15)		450 m				

【参考答案】

表 T2-1 的参考答案如表 T2-2 所示。

表 T2-2 工程定额项目基本信息参考答案

定额编号	项目名称	定额单位	数量	单位定额值		合计值	
				技工	普工	技工	普工
TXL3-001	立 8.5 m 水泥电杆(综合土,山区)	根	10 根	0.832	0.896	8.32	8.96
TXL3-182	拆除架空自承式光缆(48 芯,清理入库)	千米条	600 m	5.145	8.176	3.087	4.9056
TXL4-002	布放光缆人孔抽水(流水)	个	15 个	0.38	1	5.7	15
TXL4-012	人工敷设管道光缆(单模,24 芯)	千米条	1200 m	6.83	13.08	8.196	15.696
TXL5-078	桥架内明布电缆(屏蔽 50 对以下)	百米条	500 m	0.55	0.55	2.75	2.75
TXL6-045	百公里中继段光缆测试(36 芯,双波长)	中继段	3 个中继段	4.39	0	13.17	0
TXL5-048	建筑物内开混凝土槽	米	300 m	0.01	0.18	3	54
TXL7-017	安装四口 8 位模块式信息插座(带屏蔽)	10 个	60 个	$0.95 \times 1.6 = 1.52$	$0.07 \times 1.6 = 0.112$	9.12	0.672
TXL2-004	海拔 2500 m 原始森林地带开挖、松填光缆沟(冻土)	百立方米	1000 m³	0	139.5	0	1395
TGD2-004	敷设厚度为 10 cm 的一平型(460 宽)混凝土管道基础(C15)	百米	450 m	$4.87 \times 1.25 = 6.0875$	$5.90 \times 1.25 = 7.375$	27.39375	33.1875

【部分注解】

(1) 立 8.5 m 水泥电杆(综合土，山区)，查《第四册　通信线路工程》第三章敷设架空光(电)缆，应为 TXL3-001、技工 0.52、普工 0.56。但是在第三章章说明第二条中，用于山区时按相应定额人工的 1.6 倍计取，所以此处技工工日为 0.52 × 1.6 = 0.832，普工工日为 0.56 × 1.6 = 0.896。

(2) 拆除架空自承式光缆(48 芯，清理入库)，查《第四册　通信线路工程》册说明中第四条。第四条指出"本定额拆除工程，不单立子目，发生时按下表规定执行"。对照一下，符合表中序号 5，人工工日占新建工程定额的百分比为 70%，架设架空自承式光缆 48 芯符合 TXL3-182，技工工日为 7.35，普工工日为 11.68，所以对于拆除架空自承式光缆(48 芯，清理入库)，其技工工日为7.35 × 70% = 5.145，普工工日为 11.68 × 70% = 8.176。

技能实训剖析

一、实训目的

1. 掌握 2016 版《信息通信建设工程预算定额》手册的主要内容及注意事项。

2. 理解和掌握"预算定额"的正确查找方法及套用技巧。

3. 能根据给定工程项目内容及数量，运用预算定额手册查找和填写相关信息。

二、实训场所和器材

通信工程设计实训室、2016 版预算定额手册 1 套、微型计算机 1 台。

三、实训内容

根据下面给定的工程项目内容及数量，查找 2016 版预算定额手册完成表 J2-1～表 J2-3 的填写。

(1) 安装 100 m 以内辅助吊线(1 条档)。

(2) 40 km 以下 24 芯光缆中继段测试(1 个中继段)。

(3) 敷设 24 芯通道光缆(100 m)。

(4) 布放 1/2″射频同轴电缆(1 条 3 m)。

(5) 沿外墙垂直安装室外馈线走道(10 m)。

(6) 室外布放 25 m^2 双芯电力电缆(320 m)。

(7) 安装调测直放站设备(1 站)。

(8) 沿女儿墙内侧安装室外馈线走道(0.8 m)。

(9) 海拔 4200 m 原始森林地带开挖直埋光缆沟(冻土、夯填、25 m^3)。

(10) 布放泄漏式 1/2″射频同轴电缆(1 条 3 m)。

(11) 城区拆除 8 m 水泥杆(综合土、清理入库、20 根)。

(12) 48 芯架空光缆接续(10 头)。

(13) 10 km 24 芯光缆中继段双窗口测试(1 个中继段)。

(14) 18 m 楼顶铁塔上安装定向天线(3 副)。

(15) 布放泄漏式 7/8″射频同轴电缆(1 条 8 m)。

(16) 4G 基站系统调测 3 个"载扇"(1 站)。

(17) 安装无线局域网交换机(1 台)。

(18) 安装蓄电池抗震架(双层双列，6 m)。

(19) 蓄电池(48 V 以下直流系统)容量试验(2 组)。

(20) 安装高频开关整流模块(50 A 以下，9 个)。

四、总结与体会

【参考答案】

依据 2016 版《信息通信建设工程预算定额》手册进行查找,结果如表 J2-1～表 J2-3 所示。

表 J2-1 工程量信息统计

序号	定额编号	项目名称	单位	数量	单位定额值(工日) 技工	单位定额值(工日) 普工	合计值(工日) 技工	合计值(工日) 普工
1	TXL3-180	架设 100 m 以内辅助吊线	条档	1	1.00	1.00	1.00	1.00
2	TXL6-073	40 km 以下 24 芯光缆中继段测试	中继段	1	2.58	0	2.58	0
3	TXL4-012	敷设 24 芯通道光缆(100 m)	千米条	0.1	$6.83 \times 0.7 = 4.781$	$13.08 \times 0.7 = 9.156$	0.4781	0.9156
4	TSW2-027	布放 1/2″射频同轴电缆(1 条 3 m)	条	1	0.20	0	0.2	0
5	TSW1-005	沿外墙垂直安装室外馈线走道(10 m)	m	10	0.31	0	3.1	0
6	TSW1-069	室外布放25 m² 双芯电力电缆(320 m)	十米条	32	0.25	0	8	0
7	TSW2-070	安装调测直放站设备(1 站)	站	1	6.42	0	6.42	0
8	TSW1-004	沿女儿墙内侧安装室外馈线走道(0.8 m)	m	0.8	0.35	0	0.28	0
9	TXL2-010	海拔 4200 m 原始森林地带开挖直埋光缆沟(冻土、夯填、25 m³)	百立方	0.25	0	$145.5 \times 1.37 = 199.335$	0	49.833 75
10	TSW2-027	布放泄漏式 1/2″射频同轴电缆(1 条 3m)	条	1	$0.2 \times 1.1 = 0.22$	0	0.22	0
11	TXL3-001	城区拆除 8 m 水泥杆(综合土、清理入库、20 根)	根	20	$0.52 \times 1.3 \times 0.6 = 0.4056$	$0.56 \times 1.3 \times 0.6 = 0.4368$	8.112	8.736
12	TXL6-011	48 芯架空光缆接续(10 头)	头	10	4.29	0	42.9	0
13	TXL6-073	10 km 24 芯光缆中继段双窗口测试(1 个中继段)	中继段	1	$2.58 \times 1.8 = 4.644$	0	4.644	0

序号	定额编号	项目名称	单位	数量	单位定额值(工日)		合计值(工日)	
					技工	普工	技工	普工
14	TSW2-009	18 m 楼顶铁塔上安装定向天线(3 副)	副	3	5.7	0	17.1	0
15	TSW2-029	布放泄漏式 7/8″射频同轴电缆(1 条 8 m)	条	1	0.98×1.1=1.078	0	1.078	0
16	TSW2-078	4G 基站系统调测3个"载扇"(1 站)	站	1	16.85	0	16.85	0
17	TSY3-031	安装无线局域网交换机(1 台)	台	1	1.25	0	1.25	0
18	TSD3-004	安装蓄电池抗震架(双层双列，6 m)	m	6	0.89	0	5.34	0
19	TSD3-036	蓄电池(48 V 以下直流系统)容量试验(2 组)	组	2	7	0	14	0
20	TSD3-070	安装高频开关整流模块(50 A 以下，9 个)	个	9	1.12	0	10.08	0

表 J2-2 机械台班及使用费统计

序号	定额编号	工程及项目名称	单位	数量	机械名称	单位定额值		合计值	
						数量(台班)	单价(元)	数量(台班)	合价(元)
I	II	III	IV	V	VI	VII	VIII	IX	X
1	TXL3-001	城区拆除 8 m 水泥杆(综合土、清理入库、20根)	根	20	汽车式起重机(5 t)	0.04×0.6	516	0.48	247.68
2	TXL6-011	48 芯架空光缆接续(10头)	头	10	汽油发电机 10 kW	0.30	202	3	606
					光纤熔接机	0.55	144	5.5	792

表 J2-3 仪表台班及使用费统计

序号	定额编号	工程及项目名称	单位	数量	仪表名称	单位定额值		合计值	
						数量(台班)	单价(元)	数量(台班)	合价(元)
I	II	III	IV	V	VI	VII	VIII	IX	X
1	TXL6-073	40 km 以下 24 芯光缆中继段测试	中继段	1	光时域反射仪	0.42	153	0.42	64.26
					稳定光源	0.42	117	0.42	49.14
					光功率计	0.42	116	0.42	48.72
					偏振膜色散测试仪	0.42	455	0.42	191.1
2	TXL4-012	敷设 24 芯通道光缆(100 m)	千米条	0.1	有毒有害气体检测仪	0.3	117	0.03	3.51
					可燃气体检测仪	0.3	117	0.03	3.51
3	TSW2-070	安装调测直放站设备(1 站)	站	1	频谱分析仪	1	138	1	138
					射频功率计	1	147	1	147
					数字传输分析仪	1	674	1	674
					操作测试终端	1	125	1	125
4	TXL6-011	48 芯架空光缆接续(10 头)	头	10	光时域反射仪	1.10	153	11	1683
5	TXL6-073	10 km 24 芯光缆中继段双窗口测试(1 个中继段)	中继段	1	光时域反射仪	0.42	153	0.42	64.26
					稳定光源	0.42	117	0.42	49.14
					光功率计	0.42	116	0.42	48.72
					偏振膜色散测试仪	0.42	455	0.42	191.1

序号	定额编号	工程及项目名称	单位	数量	仪表名称	单位定额值		合计值	
						数量(台班)	单价(元)	数量(台班)	合价(元)
I	II	III	IV	V	VI	VII	VIII	IX	X
6	TSW2-078	4G 基站系统调测3个"载扇"(1站)	站	1	操作测试终端	0.19	125	0.19	23.75
					射频功率计	0.19	147	0.19	27.93
					微波频率计	0.19	140	0.19	26.6
					误码测试仪	0.19	420	0.19	79.8
7	TSD3-036	蓄电池(48 V以下直流系统)容量试验(2组)	组	2	智能放电测试仪	1.2	154	2.4	369.6
					直流钳形电流表	1.2	117	2.4	280.8

第3章　信息通信建设工程工程量统计

自我测试解答

一、填空题

1. 工程设计图纸幅面和图框大小应符合国家标准 GB/T 6988.1—2008《电气技术用文件的编制 第 1 部分：一般要求》的规定，A4 图纸尺寸大小为_____。

【答案】　297 mm × 210 mm

2. 当需要区分新安装的设备时，则粗实线表示_____，细实线表示原有设施，虚线表示_____。在改建的电信工程图纸上，用"×"来标注_____。

【答案】　新建设备　预留设备　拆除的设备或线路

3. 在通信线路工程图中一般以_____为单位，其他图中均以_____为单位，且无须另行说明。

【答案】　米　毫米

4. 施工图设计阶段代号为_____。

【答案】　S

5. 架空光缆工程的主要工作流程包括_____、立杆、_____、吊线、_____和中继段测试等。

【答案】　施工测量　安装拉线　敷设光缆

6. 在安装移动通信馈线项目中，若布放 1 条长度为 10 m 的 1/2″射频同轴电缆，则其技工工日数合计为_____。(注：布放射频同轴电缆 1/2″以下，每条布放 4 m 以下，其技工单位定额量为 0.2 工日；每增加 1 m 的技工单位定额量为 0.03 工日)

【答案】 0.38，计算过程为 0.2 + 6 × 0.03 = 0.38 工日。

二、判断题

1．通信工程制图执行的标准是 YD/T5015-2015《通信工程制图与图形符号规定》。 　　　　　　　　　　　　　　　　　　　　　　　　　 (　　)
【答案】 √。

2．虚线多用于设备工程设计中，表示为将来需要新增的设备。 (　　)
【答案】 √。

3．架空光缆线路工程图纸一般可不按比例绘制，且其长度单位均为米。

(　　)

【答案】 √。

4．若某设计图纸中挖光(电)缆沟时需要开挖混凝土路面(路面施工完后需要恢复)，则一定有挖、夯填光(电)缆沟工作项目。 (　　)
【答案】 √。

5．设计图纸上的"×"表示不要，也无需统计其工程量。 (　　)
【答案】 ×。设计图纸上的"×"表示拆除的设备或线路，拆除工程有相应的工程量计算规定。

6．在布放 1/2″射频同轴电缆的工程量中，如电缆长度大于 4 m，则可以分解成两个定额。 (　　)
【答案】 √。由定额手册中定额子目可知，可划分为布放 4 m 以下和每增加 1 m 两个定额子目。

7．架设自承式架空光缆工程量可按不同的芯数套用不同的定额。 (　　)
【答案】 √。由《第四册　通信线路工程》手册第三章第四节可知，架设自承式架空光缆工程量可以划分为 36 芯以下、72 芯以下、144 芯以下、288 芯以下和 288 芯以上。

8．布放光电缆人孔抽水不论是积水还是流水都套用一个定额编号。(　　)
【答案】 ×。布放光(电)缆人孔抽水(积水)、布放光(电)缆人孔抽水(流水)分别对应定额编号 TXL4-001 和 TXL4-002。

9．安装引上钢管，不论钢管管径多少都套用一个定额编号。 (　　)
【答案】 ×。引上钢管管径可以分为 ϕ 50 以下和 ϕ 50 以上两种。

10．穿放引上光缆，不论是沿墙引上还是沿杆引上都套用一个定额编号。

（　　）

【答案】 √。穿放引上光缆工程量没有沿墙引上和沿杆引上之分，套用同一个定额编号 TXL4-050。但要注意的是，安装引上钢管工程量是有墙上和杆上之分的。

11．40 km 以上及以下 36 芯光缆中继段测试都套用一个定额编号。（　　）

【答案】 ×。40 km 以上和 40 km 以下有严格的区分。

12．光缆单盘检验定额单位是盘。　　　　　　　　　　　　　（　　）

【答案】 ×。光缆单盘检验定额单位是芯盘，因为光缆芯数不同也有所差异。

13．定额中的"施工测量"子目是任何施工图设计中都应有的工程量。

（　　）

【答案】 ×。"施工测量"子目主要针对定额手册《第四册　通信线路工程》和《第五册　通信管道工程》。

14．在定额中，"沿墙引上"和"沿杆引上"是同一个子目编号。（　　）

【答案】 ×。安装引上钢管工程量有墙上和杆上之分，对应于两个不同的定额编号。

15．墙壁光缆的架设形式有吊挂式和钉固式两种。　　　　　　（　　）

【答案】 ×。墙壁光缆的架设形式有吊线式、钉固式和自承式三种。

16．人工开挖管道沟及人(手)孔坑可按不同土质分解成不同定额。（　　）

【答案】 √。土质不同套用的定额也不同，土质可以分为普通土、硬土、沙砾土、冻土、软石和坚石。

17．只要是在楼顶铁塔上安装定向天线就套用一个定额编号。　（　　）

【答案】 ×。在楼顶铁塔上安装定向天线根据铁塔高度的不同，划分为"20 m 以下"和"20 m 以上每增加 1 m"两个定额，即铁塔高度在 20 m 以下时套用"20 m 以下"对应的定额编号，铁塔高度在 20 m 以上时套用"20 m 以下"和"20 m 以上每增加 1 m"对应的定额编号。

18．不论铁塔高度是多少，安装全向天线都套用一个定额编号。（　　）

【答案】 ×。不论是楼顶铁塔还是地面铁塔，铁塔高度不同对应的定额子目及编号也不同。

三、选择题

1. 工程图纸幅面和图框大小应符合国家标准 GB/T6988.1—2008《电气技术用文件的编制　第 1 部分：规则》的规定，一般应采用 A0、A1、A2、A3、A4 及其加长的图纸幅面，目前实际工程设计中，多数采用(　　)图纸幅面。

A. A4　　　　　　　　　　B. A3

C. A1　　　　　　　　　　D. A2

【答案】　A。查看 GB/T6988.1—2008 标准即可。

2. 安装架空式交换设备需要套用(　　)定额。

A. TSY4-001　　　　　　　B. TSY4-002

C. TSY4-003　　　　　　　D. TSY4-004

【答案】　B。查询定额手册《第二册　有线通信设备安装工程》。

3. 在地面铁塔上安装 40 m 以下定向天线，需要套用(　　)定额。

A. TSW2-011　　　　　　　B. TSW2-012

C. TSW2-013　　　　　　　D. TSW2-010

【答案】　A。查询定额手册《第三册　无线通信设备安装工程》。

4. 对于无线通信设备安装工程来说，安装室内电缆槽道需要套用(　　)定额。

A. TSW1-001　　　　　　　B. TSW1-002

C. TSW1-003　　　　　　　D. TSW1-005

【答案】　A。查询定额手册《第三册　无线通信设备安装工程》。

5. 安装 48 V 铅酸蓄电池组 600 AH 以下要套用(　　)定额。

A. TSD3-013　　　　　　　B. TSD3-014

C. TSD3-015　　　　　　　D. TSD3-016

【答案】　B。查询定额手册《第一册　通信电源设备安装工程》。

6. 安装锂电池组 200 AH 以下要套用(　　)定额。

A. TSD3-031　　　　　　　B. TSD3-032

C. TSD3-033　　　　　　　D. TSD3-034

【答案】　B。查询定额手册《第一册　通信电源设备安装工程》。

7. 安装测试波分复用设备 48 波以下要套用(　　)定额。

A. TSY2-025　　　　　　　B. TSY2-026

C. TSY2-027　　　　　　　　D. TSY2-028

【答案】 B。查询定额手册《第二册　有线通信设备安装工程》。

8.《通信电源设备安装工程》预算定额内容不包括(　　)。

A. 10 kV 以上的变、配线设备安装

B. 10 kV 以下的变、配线设备安装

C. 电力缆线布放

D. 接地装置及供电系统配套附属设施的安装与调试

【答案】 A。详见定额手册《第一册　通信电源设备安装工程》册说明。

9. 在安装移动通信馈线项目中,若布放 1/2″ 射频同轴电缆的总长度为 8 m,则其技工工日数是(　　)。

A. 0.32　　　　　　　　　　B. 0.38

C. 0.36　　　　　　　　　　D. 0.4

【答案】 A。由定额手册《第三册　无线通信设备安装工程》查询可知,布放射频同轴电缆 1/2″ 以下包括"4 m 以下"和"每增加 1 m"两个定额,对应的单位定额技工工日分别为 0.2 和 0.03,因此本题技工工日数为

$$技工工日数 = 1 \times 0.2 + (8 - 4) \times 0.03 = 0.32$$

10. 下列导线截面积(单位:mm²)数值中,属于现行定额定义的"电力电缆单芯相线截面积"的是(　　)。

A. 16　　　　　　　　　　B. 14

C. 12　　　　　　　　　　D. 10

【答案】 A。定额手册中电力电缆单芯相线截面积有 16 mm² 以下、35 mm² 以下、70 mm² 以下等。

11. 城区架设 7/2.2 吊线要套用(　　)定额。

A. TXL3-168　　　　　　　　B. TXL3-169

C. TXL3-170　　　　　　　　D. TXL3-171

【答案】 D。查询定额手册《第四册　通信线路工程》。

12. 水泥杆夹板法装 7/2.2 单股拉线要套用(　　)定额。

A. TXL3-051　　　　　　　　B. TXL3-052

C. TXL3-053　　　　　　　　D. TXL3-054

【答案】 A。查询定额手册《第四册　通信线路工程》。

13. 城区立 8 m 水泥杆综合土 10 根,技工总工日数为(　　)。

A. 5.2   B. 6.76

C. 7.5   D. 8.6

【答案】 B。从定额手册《第四册　通信线路工程》中查询的是平原地区的立杆，综合土条件下，对应定额 TXL3-001，单位定额技工和普工工日分别为 0.52 和 0.56。根据第三章章说明可知用于城区要乘以系数 1.3，因此本题技工总工日数为

$$技工总工日数 = 0.52 \times 1.3 \times 10 = 6.76。$$

14. 沿杆上安装引上钢管(ϕ45)要套用(　　)定额。

A. TXL4-043   B. TXL4-044

C. TXL4-045   D. TXL4-046

【答案】 A。查询定额手册《第四册　通信线路工程》。

四、图例题

1. 根据表 T3-1 所示图例写出图例名称。

表 T3-1　根据图例写出图例名称

序号	名　称	图　例
1		
2		
3		
4		
5		
6		
7		

序号	名　称	图　例
8		
9		
10		
11		
12		AC
13		
14		
15		

表 T3-1 的参考答案如表 T3-2 所示。

表 T3-2　根据图例写出图例名称答案

序号	名　称	图　例
1	光缆	
2	永久接头	
3	墙壁吊挂式	
4	直埋线路	
5	光(电)缆预留	
6	架空光(电)缆交接箱	
7	电杆	
8	四方拉线	
9	引上杆	
10	直通型人孔	
11	标高	

序号	名　称	图　例
12	交流配电箱	AC
13	围墙	
14	ODF/DDF 架	
15	基站	

2. 根据表 T3-3 所示图例名称画出图例。

表 T3-3　根据图例名称画出图例

序号	名　称	图　例
1	吸顶全向天线	
2	双扇门	
3	泄露电缆	
4	WDM 光线路放大器	
5	埋设光(电)缆穿管保护	
6	直角型人孔	

【参考答案】

表 T3-3 参考答案如表 T3-4 所示。

表 T3-4　根据图例名称画出图例答案

序号	名　称	图　例
1	吸顶全向天线	⊗
2	双扇门	
3	泄露电缆	
4	WDM 光线路放大器	
5	埋设光(电)缆穿管保护	
6	直角型人孔	

五、综合题

(1) 图 T3-1 为××架空光缆线路施工图，其说明如下：

① 电杆采用水泥线杆，其中 P4、P5 为 8 m 水泥杆，其余为 7 m 水泥杆；

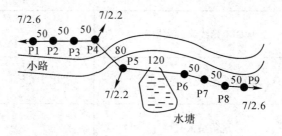

图 T3-1　××架空光缆线路施工图

② P1、P9 水泥杆处要求装设 7/2.6 单股拉线，P4、P5 水泥杆处要求装设 7/2.2 单股拉线；

③ 本次工程采用 24 芯自承式架空光缆；

④ 本次工程施工土质均为综合土，施工地区为城区；

⑤ 本次工程为 1 个中继段测试。

请根据给定的施工图纸和已知条件计算该工程的工程量。

【参考答案】

根据给定的施工图纸和已知条件，找出项目名称，统计出数量，并查找预算定额手册《第四册　通信线路工程》，完成工程量的统计，其结果如表 T3-5 所示。

表 T3-5　图 T3-1 的工程量统计表

序号	定额编号	项目名称	定额单位	数量	计算过程说明
1	TXL1-002	架空光缆工程施工测量	100 m	5	50 + 50 + 50 + 80 + 120 + 50 + 50 + 50 = 500 m = 5(100 m)
2	TXL1-006	单盘检验	芯盘	24	已知条件给出采用 24 芯自承式架空光缆
3	TXL3-001	立 9 m 以下水泥杆(综合土、城区)	根	9	从图 T3-1 中可看出共立 9 根杆
4	TXL3-054	夹板法安装 7/2.6 单股拉线(综合土)	条	2	水泥杆 P1 和 P9 处各 1 条 7/2.6 拉线
5	TXL3-051	夹板法安装 7/2.2 单股拉线(综合土)	条	2	水泥杆 P4 和 P5 处各 1 条 7/2.2 拉线
6	TXL3-180	架设 100 m 以内辅助吊线	条档	2	P4 与 P5、P5 与 P6 之间各架设 1 条档
7	TXL3-181	架设 24 芯架空自承式光缆	千米条	0.5	50 + 50 + 50 + 80 + 120 + 50 + 50 + 50 = 500 m = 0.5(千米条)
8	TXL6-073	40 km 以下光缆中继段测试	中继段	1	已知条件给出本次工程为 1 个中继段测试

(2) 图 T3-2 为××管道光缆线路工程施工图，请根据所学知识统计出该施工图中所涉及的工程量。

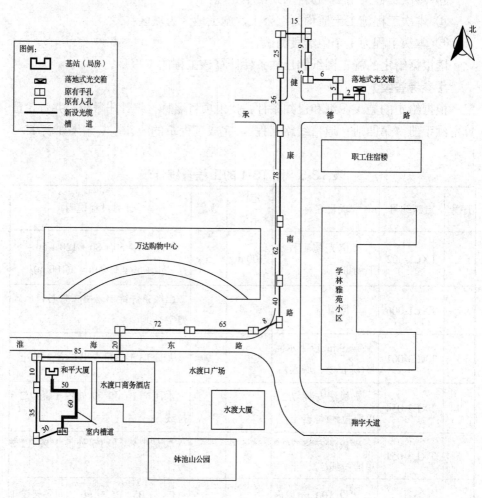

图 T3-2　××管道光缆线路工程施工图

【参考答案】

根据给定的施工图纸和已知条件，找出项目名称，统计出数量，并查找预算定额手册《第四册　通信线路工程》，完成工程量的统计，结果如表 T3-6 所示。

表 T3-6 图 T3-2 的工程量统计表

序号	定额编号	项目名称	定额单位	数量	计算过程说明
1	TXL1-003	管道光缆工程施工测量	100 m	7.18	50+ 60 + 30 + 35 + 10 + 85 + 20 + 72 + 65 + 8 + 40 + 62 + 78 + 36 + 25 + 15 + 9 + 5 + 6 + 5 + 2 = 718 m = 7.18(100 m)
2	TXL1-006	单盘检验	芯盘	24	假设为 24 芯光缆
3	TXL4-008	人工敷设塑料子管 (5 孔子管)	km	0.608	30 + 35 + 10 + 85 + 20 + 72 + 65 + 8 + 40 + 62 + 78 + 36 + 25 + 15 + 9 + 5 + 6 + 5 + 2 = 608 m = 0.608 km
4	TXL4-012	敷设管道光缆 (假设光缆为24 芯)	千米条	0.608	30 + 35 + 10 + 85 + 20 + 72 + 65 + 8 + 40 + 62 + 78 + 36 + 25 + 15 + 9 + 5 + 6 + 5 + 2 = 608 米条 = 0.608 千米条
5	TXL5-054	布放室内槽道光缆	百米条	1.1	50 + 60 = 110 米条 = 1.1 百米条
6	TXL7-042	安装落地式光缆交接箱 (144 芯以下)	个	1	从图 T3-2 中可以获得本工程新建落地式光缆交接箱 1 个

技能实训剖析

一、实训目的

1. 掌握通信工程识图和制图的基本要求及规范。
2. 掌握通信工程工程量统计的基本原则。
3. 掌握不同专业工程项目的工作流程及所涉及的工程量。
4. 能运用预算定额手册，对照工程图纸进行工程量的统计。

二、实训场所和器材

通信工程设计实训室、2016 版预算定额手册 1 套、微型计算机 1 台。

三、实训内容

(1) 运用 2016 版预算定额手册，对照如图 J3-1 所示的施工图纸，完成工程量表 J3-1 的填写。

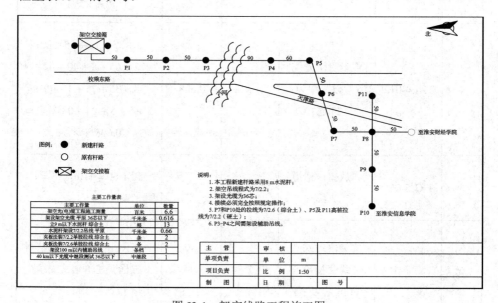

图 J3-1　架空线路工程施工图

·34·

表 J3-1 施工图 J3-1 工程量统计表

序号	定额编号	工程及项目名称	单位	数量	单位定额值(工日)		合计值(工日)	
					技工	普工	技工	普工
I	II	III	IV	V	VI	VII	VIII	IX
1								
2								
3								
4								
5								
6								
7								
8								
9								
10								

(2) 运用 2016 版预算定额手册，对照如图 J3-2 所示的施工图纸，完成工程量表 J3-2 的填写。

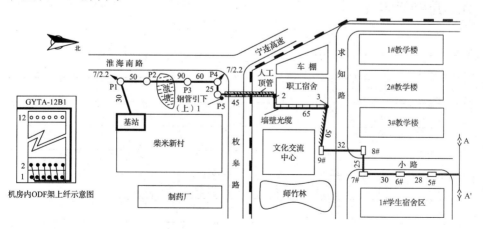

图 J3-2 ××学院移动通信基站中继光缆线路工程施工图

表 J3-2　施工图 J3-2 工程量统计表

序号	定额编号	工程及项目名称	单位	数量	单位定额值（工日）		合计值（工日）	
					技工	普工	技工	普工
I	II	III	IV	V	VI	VII	VIII	IX
1								
2								
3								
4								
5								
6								
7								
8								
9								
10								

四、总结与体会

【参考答案】

(1) 表 J3-1 中工程量统计答案如表 J3-3 所示。

表 J3-3　施工图 J3-1 工程量统计表答案

序号	定额编号	工程及项目名称	单位	数量	单位定额值（工日）		合计值（工日）	
					技工	普工	技工	普工
I	II	III	IV	V	VI	VII	VIII	IX
1	TXL1-002	架空光缆施工测量	100 m	6.6	0.46	0.12	3.036	0.792
2	TXL1-003	单盘检验	芯盘	36	0.02	0	0.72	0
3	TXL3-001	立 8 m 水泥杆(综合土)	根	13	0.52	0.56	6.76	7.28
4	TXL3-051	水泥杆夹板法装 7/2.2 拉线	条	2	0.78	0.6	1.56	1.2
5	TXL3-054	水泥杆夹板法装 7/2.6 拉线	条	2	0.84	0.6	1.68	1.2
6	TXL3-168	水泥杆架设 7/2.2 吊线	千米条	0.66	3	3.25	1.98	2.145
7	TXL3-180	架设 100 m 以内辅助吊线	条档	1	1	1	1	1
8	TXL3-187	挂钩法架设 36 芯架空光缆	km	0.59	6.31	5.13	3.7229	3.0267
9	TXL6-010	36 芯光缆接续	头	1	3.42	0	3.42	0
10	TXL6-074	40 km 以下中继段测试	中继段	1	3.66	0	3.66	0
11	TXL7-047	安装架空式光缆交接箱	个	1	1.98	1.98	1.98	1.98
12	合计						29.5189	18.6237

(2) 表 J3-2 中工程量统计答案如表 J3-4 所示。

表 J3-4　施工图 J3-2 工程量统计表答案

序号	定额编号	工程及项目名称	单位	数量	单位定额值 (工日)		合计值 (工日)	
					技工	普工	技工	普工
I	II	III	IV	V	VI	VII	VIII	IX
1	TXL1-001	直埋光(电)缆工程施工测量	100 m	0.95	0.56	0.14	0.532	0.133
2	TXL1-002	架空光(电)缆工程施工测量	100 m	2.61	0.46	0.12	1.2006	0.3132
3	TXL1-003	管道光(电)缆工程施工测量	100 m	1.92	0.35	0.09	0.672	0.1728
4	TXL1-006	光缆单盘检验	芯盘	12	0.02	0	0.24	0
5	TXL4-004	人工敷设塑料子管(1孔子管)	km	0.115	4	5.57	0.46	0.64055
6	TXL4-001	布放光(电)缆人孔抽水(积水)	个	5	0.25	0.5	1.25	2.5
7	TXL4-011	敷设管道光缆(12芯以下)	千米条	0.115	5.5	10.94	0.6325	1.2581
8	TXL4-033	打 9# 人孔墙洞(砖砌人孔, 3孔管以下)	处	1	0.36	0.36	0.36	0.36
9	TXL4-044	安装引上钢管(墙上)(ϕ50 以下)	根	2	0.25	0.25	0.5	0.5
10	TXL4-050	穿放引上光缆	条	3	0.52	0.52	1.56	1.56
11	TXL4-053	架设吊线式墙壁光缆	百米条	0.65	2.75	2.75	1.7875	1.7875
12	TXL2-007	挖、夯填光(电)缆沟(普通土)	100 m³	0.12	0	40.88	0	4.9056
13	TXL2-015	平原地区敷设埋式光缆(12芯以下)	千米条	0.095	5.88	26.88	0.5586	2.5536

序号	定额编号	工程及项目名称	单位	数量	单位定额值(工日)		合计值(工日)	
					技工	普工	技工	普工
I	II	III	IV	V	VI	VII	VIII	IX
14	TXL2-110	埋式光缆铺塑料管保护	m	50	0.01	0.1	0.5	5
15	TXL2-107	人工顶管	m	45	1	2	45	90
16	TXL4-043	安装引上钢管(杆上)	根	1	0.2	0.2	0.2	0.2
17	TXL3-051	夹板法装 7/2.2 单股拉线(综合土)	条	2	0.78	0.6	1.56	1.2
18	TXL3-168	水泥杆架设 7/2.2 吊线(平原地区)	千米条	0.255	3	3.25	0.765	0.82875
19	TXL3-180	架设 100 m 以内辅助吊线	条档	1	1	1	1	1
20	TXL3-187	平原地区架设架空光缆(12 芯以下)	千米条	0.255	6.31	5.13	1.60905	1.30815
21	TXL4-037	打穿机房楼墙洞(砖墙)	个	1	0.07	0.06	0.07	0.06
22	TXL5-074	桥架内明布光缆	百米条	0.15	0.4	0.4	0.06	0.06
23	合计						60.51725	116.34125

备注：在进行本工程施工图的工程量统计时，假设该图中人孔内均有积水现象，管道敷设时需要敷设 1 孔塑料子管，机房内桥架明布光缆长度为 15 m，无需统计 12 芯光缆上纤工程量，所有钢管引上光缆和引下光缆长度均为 6 m。

第4章 信息通信建设工程费用定额

自我测试解答

一、填空题

1. 工程费由_____和设备、工器具(需要安装的和不需要安装的)购置费两大类组成，它是通信建设单项工程总费用的重要组成部分。

【答案】 建筑安装工程费

2. 一个建设项目总费用由单项工程费用构成，单项工程费用包括_____、_____、预备费以及建设期利息。

【答案】 工程费 工程建设其他费

3. 预备费是指在_____时难以预料的工程费用。预备费包括_____和价差预备费。

【答案】 初步设计阶段编制概算 基本预备费

4. 完成某通信线路工程，其技工总工日为100，普工总工日为200，则此工程所需人工费为_____元。

【答案】 23 600。

人工费 = 技工费 + 普工费 = $100 \times 114 + 200 \times 61 = 23\,600$ 元

5. 销项税额是指按国家税法规定应计入建筑安装工程造价的_____销项税额。

【答案】 增值税

6. 措施项目费是指为完成工程项目施工，发生于该工程前和施工过程中非工程实体项目的费用，属于直接费范畴，其包括的费用计费基础多数为_____费。

【答案】 人工

7. 夜间施工增加费是指因夜间施工所发生的夜间补助费、_____、夜间施工照明设备摊销及_____等费用。

【答案】 夜间施工降效　照明用电

8. 工程建设其他费是指应在建设项目的建设投资中开支的固定资产其他费用、_____和其他资产费用。

【答案】 无形资产费用

9. 间接费由规费和_____构成，各项费用均为不包括增值税可抵扣_____的税前造价。

【答案】 企业管理费　进项税额

二、判断题

1. 施工队伍调遣费是指因建设工程的需要，应支付施工队伍的调遣费用。无论本地网还是长途网的通信工程均计取。　　　　　　（　　）

【答案】 ×。小于 35 km 时不计取施工队伍调遣费。

2. 夜间施工增加费只有必须在夜间施工的工程才计列。　　（　　）

【答案】 √。夜间施工增加费是指因夜间施工所发生的夜间补助费、夜间施工降效、夜间施工照明设备摊销及照明用电等费用。

3. 通信建设工程不分专业均可计取冬雨季施工增加费。　（　　）

【答案】 ×。通信设备安装工程只室外部分计取，综合布线工程不计取此项费用。

4. 措施项目费指为完成工程项目施工，发生于该工程前和施工过程中非工程实体项目的费用。　　　　　　　　　　　　　　　（　　）

【答案】 √。见措施项目费的定义。

5. 利润是指施工企业完成所承包工程获得的盈利。　　　（　　）

【答案】 √。见利润的定义。

6. 施工队伍调遣费、大型施工机械调遣费和运土费是建筑安装工程费的组成部分。　　　　　　　　　　　　　　　　　　　（　　）

【答案】 √。以上三项费用属于措施项目费，措施项目费属于建筑安装工程费。

7. 凡是施工图设计的预算都应计列预备费。　　　　　　（　　）

【答案】×。对于一阶段设计时的施工图预算，除工程费和工程建设其他费之外，还应计列预备费；对于两阶段设计时的施工图预算，由于初步设计概算中已计列预备费，所以两阶段设计预算中不再计列预备费。

8. 工程所在地距施工企业基地为 30 km，比距离为 25 km 的施工队伍调遣费要多。 （ ）

【答案】×。小于 35 km 时均不计取施工队伍调遣费。

9. 施工图预算需要修改时，应由设计单位修改，由建设单位报主管部门审批。 （ ）

【答案】√。查看"施工图预算文件管理"内容可知，施工图预算需要修改的，应由设计单位修改，超过原概算的应由建设单位上报主管部门审批。

10. 直接工程费就是直接费。 （ ）

【答案】×。直接费包括直接工程费，直接费范围更大。

11. 凡是通信线路工程都应计列冬雨季施工增加费。 （ ）

【答案】×。冬雨季施工增加费是指在冬雨季施工时所采取的防冻、保温、防雨、防滑等安全措施及工效降低所增加的费用。根据定义可知，只有在冬雨季施工时才计列。

12. 通信线路工程都应计列工程干扰费。 （ ）

【答案】×。工程干扰费所规定的干扰地区指城区、高速公路隔离带、铁路路基边缘等施工地带。通信线路工程只有在干扰地区施工时才计取工程干扰费。

13. 通信工程计费依据中的人工费包含技工费和普工费。 （ ）

【答案】√。人工费 = 技工费 + 普工费。

14. 在海拔 2000 m 以上的高原施工时，可计取特殊地区施工增加费。（ ）

【答案】√。特殊地区施工增加费是指在原始森林地区、2000 m 以上高原地区、沙漠地区、山区无人值守站、化工区、核工业区等特殊地区施工所需增加的费用。

15. 在编制通信建设工程概算时，主要材料费运输距离均按 1500 km 计算。 （ ）

【答案】×。编制概算时，除水泥及水泥制品的运输距离按 500 km 计算，其他类型的材料运输距离均按 1500 km 计算。

三、选择题

1. 某通信线路工程在位于海拔 2000 m 以上的原始森林地区进行室外施工, 如果根据工程量统计的工日为 1000 工日, 海拔 2000 m 以上和原始森林人工调整系数分别为 1.13 和 1.3, 则总工日应为( )。

A. 1130　　　　　　B. 1469　　　　　　C. 2430　　　　　　D. 1300

【答案】D。取最高的调整系数 1.3, 即总工日 = 1000 × 1.3 = 1300 工日。

2. 设备购置费是指( )。

A. 设备采购时的实际成交价

B. 设备采购和安装的费用之和

C. 设备在工地仓库出库之前所发生的费用之和

D. 设备在运抵工地之前发生的费用之和

【答案】 D。设备购置费 = 设备原价 + 运杂费 + 运输保险费 + 采购及保管费 + 采购代理服务费。

3. 下列选项中, 不应归入措施项目费的是( )。

A. 临时设施费　　　　　　　　B. 特殊地区施工增加费

C. 项目建设管理费　　　　　　D. 工程车辆使用费

【答案】 C。项目建设管理费属于工程建设其他费。

4. 工程监理费应在( )中单独计列。

A. 工程建设其他费　　　　　　B. 项目建设管理费

C. 工程招标代理费　　　　　　D. 建筑安装工程费

【答案】 A。工程监理费属于工程建设其他费。

5. 下列选项中, ( )不包括在材料的预算价格中。

A. 材料原价　　　　　　　　　B. 材料包装费

C. 材料采购及保管费　　　　　D. 工地器材搬运费

【答案】 D。主要材料费 = 材料原价 + 运杂费 + 运输保险费 + 采购及保管费 + 采购代理服务费, 材料费 = 主要材料费 + 辅助材料费。

6. 编制竣工图纸和资料所发生的费用已含在( )中。

A. 工程点交、场地清理费　　　B. 企业管理费

C. 现场管理费　　　　　　　　D. 建设单位管理费

【答案】 A。工程点交、场地清理费指按规定编制竣工图及资料、工程点

交、施工场地清理等发生的费用。

7. 下列选项中，不属于间接费的是(　　)。

A. 财务费　　　　　　　　　B. 职工养老保险费

C. 企业管理人员工资　　　　D. 生产人员工资

【答案】 D。生产人员工资不属于间接费范畴。

8. 通信建设工程定额用于扩建工程时，其人工工时按系数(　　)计取。

A. 1.0　　　　　　　　　　B. 1.1

C. 1.2　　　　　　　　　　D. 1.3

【答案】 B。

9. 计算通信设备安装工程的预备费，费率按(　　)%计取。

A. 2　　　　　　　　　　　B. 3

C. 4　　　　　　　　　　　D. 5

【答案】 C。

10. 工程干扰费是指通信线路工程在市区施工(　　)所需采取的安全措施及降效补偿的费用。

A. 对外界的干扰　　　　　　B. 相互干扰

C. 由于外界对施工干扰　　　D. 电磁干扰

【答案】 C。

11. 安全生产费一般按建筑安装工程费的(　　)%计取。

A. 0.6　　　　　　　　　　B. 1.4

C. 1.2　　　　　　　　　　D. 1.5

【答案】 D。

12. 施工队伍调遣费的计算与施工现场距企业的距离有关，一般在(　　)km 以内时可以不计取此项费用。

A. 35　　　　　　　　　　　B. 200

C. 400　　　　　　　　　　D. 600

【答案】 A。35 km 以上才能计取施工队伍调遣费。

13. 对于通信设备安装工程，概预算技工总工日 1000 工日以下时，施工队伍调遣人数应为(　　)人。

A. 5　　　　　　　　　　　B. 10

C. 17　　　　　　　　　　　D. 2

【答案】 B。

14.《信息通信建设工程费用定额》规定，在计算主要材料的运输保险费时，保险费费率取( )。

A. 0.1%   B. 0.2%

C. 0.3%   D. 0.4%

【答案】 A。

15.《信息通信建设工程费用定额》规定，对于通信设备安装工程，材料采购及保管费费率按( )计取。

A. 0.9%   B. 1.0%

C. 1.1%   D. 3.0%

【答案】 B。

16.《信息通信建设工程费用定额》规定，对于有线通信设备安装工程，辅助材料费费率按( )计取。

A. 0.3%   B. 0.5%

C. 3.0%   D. 5.0%

【答案】 C。有线/无线通信设备安装工程、电源设备安装工程、通信线路工程、通信管道工程专业的辅助材料费费率分别为3.0%、5.0%、0.3%、0.5%。

17. 通信建设工程企业管理费的计取基础是( )。

A. 技工费   B. 直接工程费

C. 人工费   D. 直接费

【答案】 C。企业管理费 = 人工费 × 相关费率(各类通信工程取定为27.4%)。

18.《信息通信建设工程费用定额》规定，对于通信设备安装工程，工地器材搬运费率按( )计取。

A. 1.1%   B. 1.3%

C. 2.0%   D. 5.0%

【答案】 A。

19.《信息通信建设工程费用定额》规定，对于通信设备安装工程，在距离不超过 35 km 时临时设施费费率按( )计取。

A. 6.0%   B. 12.0%

C. 10.0%   D. 3.8%

【答案】 D。

20.《信息通信建设工程费用定额》规定，施工队伍调遣里程超过 100 km，但是不超过 200 km 时，单程调遣费为(   )元。

A. 106
B. 141
C. 174
D. 302

【答案】 C。当 $100 < L \le 200$(L 为调遣里程)时，单程调遣费为 174 元。

21.《通信电源设备安装工程》预算定额在用于拆除交直流电源设备、不间断电源设备及配套装置工程不需入库时，拆除工程人工系数为(   )。

A. 0.4
B. 0.5
C. 0.55
D. 1.0

【答案】 A。详见定额手册《第一册 通信电源设备安装工程》册说明。

22. 通信建设工程的材料采购及保管费费率为 1.0% 的是(   )。

A. 通信线路工程
B. 通信管道工程
C. 通信设备安装工程
D. 土建工程

【答案】 C。通信设备安装工程、通信线路工程、通信管道工程的材料采购及保管费费率分别为 1.0%、1.1%、3.0%。

23. 建设工程监理费应在(   )。

A. 工程建设其他费中单独计列
B. 建设单位管理费中包含
C. 直接工程费中计列
D. 建筑安装工程费中计列

【答案】 A。建设工程监理费属于工程建设其他费范畴。

24.《信息通信建设工程费用定额》的内容不包括(   )。

A. 直接工程费中人工工日定额
B. 措施费取费标准
C. 间接费取费标准
D. 工程建设其他费标准

【答案】 A。直接工程费中人工工日定额是在预算定额手册中给出的。

25. 下列费用项目不属于工程建设其他费的是(   )。

A. 研究试验费
B. 勘察设计费
C. 临时设施费
D. 环境影响评价费

【答案】 C。临时设施费属于措施项目费。

26. 下列属于设备购置费的是(   )。

A. 运输保险费   B. 消费税

C. 工地材料搬运费   D. 设备安装费

【答案】 C。设备、工器具购置费＝设备原价＋运杂费＋运输保险费＋采购及保管费＋采购代理服务费。

27. 下列选项中与利润计算有关的是(   )。

A. 工程类别   B. 计划利润率

C. 人工费   D. 施工企业资质等级

【答案】C。利润＝人工费×利润率(各类通信工程的利润率取定为20%)。

四、多项选择题

1. 措施项目费指为完成工程项目施工，发生于该工程前和施工过程中非工程实体项目的费用，下列费用属于措施项目费的是(   )。

A. 生产工具、用具使用费

B. 工程车辆使用费

C. 工程点交、场地清理费

D. 差旅交通费

【答案】 ABC。差旅交通费属于间接费中的企业管理费。

2. 下列不属于直接费的是(   )。

A. 直接工程费   B. 安全生产费

C. 措施费   D. 财务费

【答案】 BD。安全生产费属于工程建设其他费，财务费属于间接费。

3. 计算器材运杂费时，材料按光缆、电缆、塑料及塑料制品、木材及木制品、(   )各类分别计算。

A. 电线   B. 地方材料

C. 水泥及水泥制品   D. 其他

【答案】 CD。电线、地方材料不属于单独的一类，应该根据材料归入相应的类别中。

4. 预备费包括(   )等。

A. 一般自然灾害造成工程损失和预防自然灾害所采取措施的费用

B. 竣工验收时为鉴定工程质量对隐蔽工程进行必要的挖掘和修复费用

C. 旧设备拆除费用

D. 割接费

【答案】 AB。

5. 措施项目费中含有(　　　)。

　　A. 冬雨季施工增加费　　　　B. 工程干扰费

　　C. 新技术培训费　　　　　　D. 仪器仪表使用费

【答案】 AB。

6. 对概预算进行修改时，如果需要安装的设备费有所增加，则会对(　　　)产生影响。

　　A. 建筑安装工程费　　　　　B. 工程建设其他费

　　C. 预备费　　　　　　　　　D. 运营费

【答案】 BC。需要安装的设备费增加，会引起工程费增加，从而直接影响到工程建设其他费(部分费用计算以工程费为基础)和预备费(预备费＝(工程费＋工程建设其他费)×预备费费率)。

7. 设备购置费由设备原价、运杂费与(　　　)构成。

　　A. 采购及保管费　　　　　　B. 运输保险费

　　C. 采购代理服务费　　　　　D. 设备的安装费

【答案】 ABC。设备购置费＝设备原价＋运杂费＋运输保险费＋采购及保管费＋采购代理服务费。

8. 下列费用中，以人工费作为计算基数的是(　　　)。

　　A. 利润　　　　　　　　　　B. 社会保障费

　　C. 特殊地区施工增加费　　　D. 临时设施费

【答案】 ABD。特殊地区施工增加费＝特殊地区补贴金额×总工日。

9. 临时设施费主要内容包括临时设施的(　　　)拆除费和摊销费。

　　A. 搭设　　　　　　　　　　B. 维修

　　C. 租用　　　　　　　　　　D. 材料

【答案】 ABC。临时设施费用包括临时设施的租用或搭设、维修、拆除费或摊销费。材料不属于临时设施费。

10. 直接费由(　　　)构成。

A. 直接工程费   B. 间接工程费

C. 预备费   D. 措施费

【答案】 AB。直接费包括直接工程费和间接工程费。

11. 下列费用中，以人工费作为计算基数的是(　　　)。

A. 机械使用费   B. 利润

C. 企业管理费   D. 施工用水、电、蒸汽费

【答案】 BC。机械使用费按照施工机械、仪表台班单价定额计取，施工用水、电、蒸汽费一般按实计取。

12. 工程建设其他费包括(　　)等内容。

A. 勘察设计费   B. 施工队伍调遣费

C. 企业管理费   D. 建设单位管理费

【答案】AD。施工队伍调遣费属于措施项目费，企业管理费属于间接费。

13. 下列选项中，不属于建筑安装工程费的是(　　　)。

A. 直接费   B. 间接费

C. 建设工程其他费   D. 工具购置费

【答案】 CD。建筑安装工程费包括直接费、间接费、利润和销项税额。

14. 间接费由(　　)构成。

A. 规费   B. 企业管理费

C. 机械使用费   D. 仪表使用费

【答案】 AB。机械使用费、仪表使用费属于直接工程费，也就是属于直接费。

15. 下列费用属于工程建设其他费的是(　　　)。

A. 建设单位管理费   B. 勘察设计费

C. 劳动保险费   D. 专利及专有技术使用费

【答案】 ABD。劳动保险费属于间接费中的企业管理费。

16. 下列预备费中属于费用定额定义的预备费的是(　　　)。

A. 工伤预备费   B. 基本预备费

C. 价差预备费   D. 材料预备费

【答案】 BC。预备费可以划分为基本预备费和价差预备费两种。

17. 规费指政府和有关部门规定必须交纳的费用。下列费用项目中，属于规费的有(　　　)。

A. 工程干扰费　　　　　　　　B. 工程排污费

C. 社会保障费　　　　　　　　D. 住房公积金

【答案】 BCD。工程干扰费属于措施项目费。

18. 规费包括(　　　)。

A. 工程排污费　　　　　　　　B. 社会保障费

C. 住房公积金　　　　　　　　D. 危险作业意外伤害保险

【答案】 ABCD。规费包括工程排污费、社会保障费、住房公积金和危险作业意外伤害保险四项费用。

五、综合题

某教学楼室内分布系统工程的工程量统计如表 T4-1 所示。这里假设所涉及的主要材料费用为 6000 元，国内需要安装的设备购置费为 16 000 元。

表 T4-1　某教学楼室内分布系统工程的工程量统计表

序号	定额编号	项 目 名 称	定额单位	数量
1	TSW2-070	安装调测直放站设备	站	1
2	TSW2-039	安装调测室内天、馈线附属设备/分路器(功分器、耦合器)	个	5
3	TSW2-024	安装室内天线(高度 6 m 以下)	副	8
4	TSW2-027	布放射频同轴电缆 1/2″以下(4 m 以下)	条	10
5	TSW2-028	布放射频同轴电缆 1/2″以下(每增加 1 m)	米条	58
6	TSW1-060	室内布放电力电缆(双芯)16 mm² 以下(近端)	10 米条	2
7	TSW1-060	室内布放电力电缆(双芯)16 mm² 以下(远端)	10 米条	2
8	TSW2-046	分布式天、馈线系统调测	副	8

本次工程为 I 类非特殊地区，施工企业与施工地点距离为 10 km，施工用水、电、蒸汽费和勘察设计费按 200 元、2000 元计取；不计取监理费以及不具备计算条件的费用。建设单位管理费的计费基础为工程费，费率为 1.5%。

请根据以上条件，计算出人工费、直接工程费、直接费、建筑安装工程费、工程费、工程建设其他费。

【参考答案】

(1) 计算人工费。

根据表 T4-1 中的工程量信息，运用预算定额手册《第三册　无线通信设备安装工程》查找对应的单位定额值，并计算出合计值，结果如表 T4-2 所示。

表 T4-2　工日统计表

序号	定额编号	项目名称	单位	数量	单位定额值(工日)		合计值(工日)	
					技工	普工	技工	普工
I	II	III	IV	V	VI	VII	VIII	IX
1	TSW2-070	安装调测直放站设备	站	1	6.42	0	6.42	0
2	TSW2-039	安装调测室内天、馈线附属设备/分路器(功分器、耦合器)	个	5	0.34	0	1.7	0
3	TSW2-024	安装室内天线(高度6 m 以下)	副	8	0.83	0	6.64	0
4	TSW2-027	布放射频同轴电缆1/2″以下(4 m 以下)	条	10	0.2	0	2	0
5	TSW2-028	布放射频同轴电缆1/2″以下(每增加 1 m)	米条	58	0.03	0	1.74	0
6	TSW1-060	室内布放电力电缆(双芯) 16 mm² 以下	10 米条	2	0.165	0	0.33	0
7	TSW2-046	分布式天、馈线系统调测	条	8	0.56	0	4.48	0
8		合计					23.31	0

人工费 = 23.31 × 114 + 0 = 2657.34 元。

(2) 计算直接工程费。

① 计算机械、仪表使用费。

根据工程量表查预算定额手册，将每个项目名称下的机械、仪表统计费用统计出来，结果如下：

机械使用费无，仪表使用费如表 T4-3 所示。

表 T4-3　仪表使用费表

序号	定额编号	项目名称	单位	数量	仪表名称	单位定额值		合计值	
						消耗量	单价	消耗量	合价
						(台班)	(元)	(台班)	(元)
Ⅰ	Ⅱ	Ⅲ	Ⅳ	Ⅴ	Ⅵ	Ⅶ	Ⅷ	Ⅸ	Ⅹ
1	TSW2-070	安装调测直放站设备	站	1	频谱分析仪	1	138	1	138
			站	1	操作测试终端（计算机）	1	125	1	125
			站	1	射频功率计	1	147	1	147
			站	1	数字传输分析仪	1	1181	1	1181
2	TSW2-039	安装调测室内天、馈线附属设备/分路器(功分器、耦合器)	个	5	微波信号发生器	0.12	140	0.6	84
			个	5	射频功率计	0.12	147	0.6	88.2
3	TSW2-046	分布式天、馈线系统调测	条	8	互调测试仪	0.07	310	0.56	173.6
			条	8	操作测试终端（计算机）	0.07	125	0.56	70
			条	8	天馈线测试仪	0.07	140	0.56	78.4
4		合计							2085.2

② 计算材料费。

材料费＝主要材料费＋辅助材料费＝6000＋6000×3%＝6180 元。

③ 直接工程费＝人工费＋材料费＋机械使用费＋仪表使用费＝2657.34＋6180＋0＋2085.2＝10 922.54 元。

(3) 计算直接费。

① 计算措施项目费。

措施项目费如表 T4-4 所示。措施项目费＝1＋2＋…＋15＝731.47 元。

表 T4-4　措施项目费

序号	费用名称	计算办法	结果(元)
1	文明施工费	人工费×1.1%	29.23
2	工地器材搬运费	人工费×1.1%	29.23
3	工程干扰费	不计	0.00
4	工程点交、场地清理费	人工费×2.5%	66.43
5	临时设施费	人工费×3.8%	100.98
6	工程车辆使用费	人工费×5%	132.87
7	夜间施工增加费	人工费×2.1%	55.80
8	冬雨季施工增加费	人工费×3.6%	95.66
9	生产工具、用具使用费	人工费×0.8%	21.26
10	施工用水、电、蒸汽费	给定	200.00
11	特殊地区施工增加费	不计	0.00
12	已完工程及设备保护费	不计	0.00
13	运土费	不计	0.00
14	施工队伍调遣费	不计	0.00
15	大型施工机械调遣费	不计	0.00
16	措施费	1+2+…+15	731.47

② 直接费=直接工程费+措施费=10 922.54+731.47=11 654.01 元。

(4) 建筑安装工程费。

① 计算间接费。

(a) 规费=工程排污费+社会保障费+住房公积金+危险作业意外伤害保险费=0+人工费×28.5%+人工费×4.19%+0=2657.34×0.285+2657.34×0.0419=868.68 元。

(b) 企业管理费=人工费×27.4%=2657.34×0.274=728.11 元。

间接费=规费+企业管理费=868.68 元+728.11 元=1596.79 元。

② 计算利润。

利润=人工费×20%=2657.34×0.2=531.47 元。

③ 建筑安装工程费(除税价)=直接费+间接费+利润=11 654.01+1596.79+531.47=13 782.27 元。

销项税额=建筑安装工程费(除税价)×11%=13 782.27×0.11=1516.05 元。

建筑安装工程费(含税价)=建筑安装工程费(除税价)+销项税额

$$=13\ 782.27+1516.05=15\ 298.32\ 元。$$

(5) 计算工程建设其他费。

工程建设其他费(除税价)=1+2+…+13=2653.47 元，如表 T4-5 所示。

表 T4-5　工程建设其他费

序号	费用名称	计算办法	结果
1	建设用地及综合赔补费	不计	0.00
2	项目建设管理费	工程费×1.5%	446.73
3	可行性研究费	不计	0.00
4	研究试验费	不计	0.00
5	勘察设计费	给定	2000.00
6	环境影响评价费	不计	0.00
7	建设工程监理费	不计	0.00
8	安全生产费	建筑安装工程费(除税价)×1.5%	206.73
9	引进技术及进口设备其他费	不计	0.00
10	工程保险费	不计	0.00
11	工程招标代理费	不计	0.00
12	专利及专利技术使用费	不计	0.00
13	其他费用	不计	0.00
	总计		2653.47

技能实训剖析

一、实训目的

1. 掌握通信建设单项工程费用的构成。

2. 掌握通信建设工程各项费用及费率的计取。

3. 能对照施工图纸进行相应工程的费用费率计取。

二、实训场所和器材

通信工程设计实训室、2016 版预算定额手册 1 套、微型计算机 1 台。

三、实训内容

1. 已知条件

(1) 本次工程位于Ⅱ类非特殊地区，为××学院移动通信基站中继光缆线路单项工程一阶段设计，其施工图如图 J4-1 所示。人孔内均有积水现象，管道敷设时需要敷设 1 孔塑料子管，机房内桥架明布光缆架设长度为 15 m。

(2) 本工程建设单位为××市移动分公司，不购买工程保险，不实行工程招标，其核心机房的 ODF 架已安装完毕。本次工程的中继传输光缆只需上架成端即可。

(3) 国内配套主材的运距为 500 km，按不需要中转(无需采购代理)考虑，所有材料单价均假设为除税价 10 元，增值税税率为 17%，材料由建筑方提供。

(4) 施工用水、电、蒸汽费、勘察设计费、可行性研究费分别按 1000 元、1500 元、2000 元计取。本次工程不具备计算条件的费用不计取。

(5) 安全生产费以建筑安装工程费为计费基础，相应费率为 1.5%。

(6) 工程施工企业距工地所在地为 300 km。

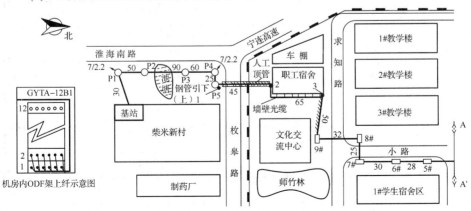

图 J4-1　××学院移动通信基站中继光缆线路工程施工图

2. 实训结果汇总

根据以上已知条件和施工图纸(图 J4-1)，在完成工程量统计的基础上，填写表 J4-1～表 J4-5。

表 J4-1　工程主材用量统计表

序号	定额编号	项目名称	工程量	主材名称	规格型号	单位	定额量	使用量
1								
2								
3								

表 J4-2　主材用量分类汇总表

序号	类别	名称	规格	单位	使 用 量
1	光缆				
2	塑料及塑料制品				
3					
4					
5	水泥及水泥构件				
6					
7					
8	其他				
9					
10					

表 J4-3　国内主要材料(表四)甲

序号	名　称	规格程式	单位	数量	单价(元)	合计(元)			备注
					除税价	除税价	增值税	含税价	
I	II	III	IV	V	VI	VII	VIII	IX	
1									光缆
	(1) 小计 1								
	(2) 运杂费：小计 1 × ___%								
	(3) 运输保险费：小计 1 × ____%								
	(4) 采购及保管费：小计 1 × ___%								
	(5) 合计 1								
2									塑料及塑料制品
	(1) 小计 2								
	(2) 运杂费：小计 2 × ___%								
	(3) 运输保险费：小计 2 × ____%								
	(4) 采购及保管费：小计 2 × ___%								
	(5) 合计 2								
3									水泥及水泥构件
	(1) 小计 3								
	(2) 运杂费：小计 3 × ___%								
	(3) 运输保险费：小计 3 × ___%								
	(4) 采购及保管费：小计 3 × ___%								
	(5) 合计 3								
4									其他
	(1) 小计 4								
	(2) 运杂费：小计 4 × ___ %								
	(3) 运输保险费：小计 4 × ___%								
	(4) 采购及保管费：小计 4 × ___%								
	(5) 合计 4								
	总计 = 合计 1 + 合计 2 + 合计 3 + 合计 4								

表 J4-4 建筑安装工程费用预算表(表二)

序号	费用名称	依据和计算方法	合计(元)
I	II	III	IV
	建筑安装工程费(含税价)	一＋二＋三＋四	
	建筑安装工程费(除税价)	一＋二＋三	
一	直接费	(一)＋(二)	
(一)	直接工程费	1＋2＋3＋4	
1	人工费	(1)＋(2)	
(1)	技工费	技工总工日×技工单价	
(2)	普工费	普工总工日×普工单价	
2	材料费	(1)＋(2)	
(1)	主要材料费	来自(表四)甲主材表	
(2)	辅助材料费		
3	机械使用费	来自(表三)乙	
4	仪表使用费	来自(表三)丙	
(二)	措施费	1＋2＋…＋15	
1	文明施工费		
2	工地器材搬运费		
3	工程干扰费		
4	工程点交、场地清理费		
5	临时设施费		
6	工程车辆使用费		
7	夜间施工增加费		
8	冬雨季施工增加费		
9	生产工具、用具使用费		
10	施工用水、电、蒸汽费		
11	特殊地区施工增加费		

序号	费用名称	依据和计算方法	合计(元)
Ⅰ	Ⅱ	Ⅲ	Ⅳ
12	已完工程及设备保护费		
13	运土费		
14	施工队伍调遣费		
15	大型施工机械调遣费		
二	间接费	(一)+(二)	
(一)	规费	1+2+3+4	
1	工程排污费		
2	社会保障费		
3	住房公积金		
4	危险作业意外伤害保险费		
(二)	企业管理费		
三	利润		
四	销项税额		

表 J4-5　工程建设其他费预算表(表五)甲

序号	费用名称	计算依据及方法	金额(元)			备注
			除税价	增值税	含税价	
Ⅰ	Ⅱ	Ⅲ	Ⅳ	Ⅴ	Ⅵ	Ⅶ
1	建设用地及综合赔补费					
2	项目建设管理费					
3	可行性研究费					
4	研究试验费					
5	勘察设计费					

序号	费 用 名 称	计算依据 及方法	金 额 (元)			备 注
			除税价	增值税	含税价	
I	II	III	IV	V	VI	VII
6	环境影响评价费					
7	建设工程监理费					
8	安全生产费					
9	引进技术及进口设备其他费					
10	工程保险费					
11	工程招标代理费					
12	专利及专利技术使用费					
13	其他费用					
	总计					
14	生产准备及开办费(运营费)					

四、总结与体会

_____

_____

_____

_____

_____

_____

_____

【参考答案】

根据图 J4-1 的线路工程施工图，找出其工程量结果如表 J4-6 所示。

表 J4-6 建筑安装工程量表

序号	定额编号	项目名称	单位	数量	单位定额值 (工日)		合计值 (工日)	
					技工	普工	技工	普工
I	II	III	IV	V	VI	VII	VIII	IX
1	TXL1-001	直埋光(电)缆工程施工测量	100 m	0.95	0.56	0.14	0.532	0.133
2	TXL1-002	架空光(电)缆工程施工测量	100 m	2.61	0.46	0.12	1.2006	0.3132
3	TXL1-003	管道光(电)缆工程施工测量	100 m	1.92	0.35	0.09	0.672	0.1728
4	TXL1-006	光缆单盘检验	芯盘	12	0.02	0	0.24	0
5	TXL4-004	人工敷设塑料子管(1 孔子管)	km	0.115	4	5.57	0.46	0.640 55
6	TXL4-001	布放光(电)缆人孔抽水(积水)	个	5	0.25	0.5	1.25	2.5
7	TXL4-011	敷设管道光缆(12 芯以下)	千米条	0.115	5.5	10.94	0.6325	1.2581
8	TXL4-033	打 9#人孔墙洞(砖砌人孔，3 孔管以下)	处	1	0.36	0.36	0.36	0.36
9	TXL4-044	安装引上钢管(墙上)(ϕ50 以下)	根	2	0.25	0.25	0.5	0.5
10	TXL4-050	穿放引上光缆	条	3	0.52	0.52	1.56	1.56
11	TXL4-053	架设吊线式墙壁光缆	百米条	0.65	2.75	2.75	1.7875	1.7875
12	TXL2-007	挖、夯填光(电)缆沟(普通土)	100 m³	0.12	0	40.88	0	4.9056
13	TXL2-015	平原地区敷设埋式光缆(12 芯以下)	千米条	0.095	5.88	26.88	0.5586	2.5536

序号	定额编号	项目名称	单位	数量	单位定额值（工日）		合计值（工日）	
					技工	普工	技工	普工
I	II	III	IV	V	VI	VII	VIII	IX
14	TXL2-110	埋式光缆铺塑料管保护	m	50	0.01	0.1	0.5	5
15	TXL2-107	人工顶管	m	45	1	2	45	90
16	TXL4-043	安装引上钢管(杆上)	根	1	0.2	0.2	0.2	0.2
17	TXL3-051	夹板法装7/2.2单股拉线(综合土)	条	2	0.78	0.6	1.56	1.2
18	TXL3-168	水泥杆架设7/2.2吊线(平原地区)	千米条	0.255	3	3.25	0.765	0.828 75
19	TXL3-180	架设100 m以内辅助吊线	条档	1	1	1	1	1
20	TXL3-187	平原地区挂钩法架设架空光缆(12芯以下)	千米条	0.255	6.31	5.13	1.609 05	1.308 15
21	TXL4-037	打穿机房楼墙洞(砖墙)	个	1	0.07	0.06	0.07	0.06
22	TXL5-074	桥架内明布光缆	百米条	0.15	0.4	0.4	0.06	0.06
23		合计					60.517 25	116.341 25
24		系数调整后合计(小计×1.1)					66.57	127.98

将表 J4-6 中每个定额下面的材料转到表 J4-1 中，得到的结果如表 J4-7 所示。

表 J4-7 工程主材用量统计表结果

序号	定额编号	项目名称	工程量	主材名称	规格型号	单位	定额量	使用量
1	TXL4-004	人工敷设塑料子管(1孔子管)	0.115	聚乙烯塑料管		m	1020	117.3
2	TXL4-004	人工敷设塑料子管(1孔子管)	0.115	固定堵头		个	24.3	2.7945
3	TXL4-004	人工敷设塑料子管(1孔子管)	0.115	塞子		个	24.5	2.8175
4	TXL4-004	人工敷设塑料子管(1孔子管)	0.115	镀锌铁线 $\phi1.5$	$\phi1.5$	kg	3.05	0.350 75
5	TXL4-011	敷设管道光缆(12芯以下)	0.115	聚乙烯波纹管		m	26.7	3.0705
6	TXL4-011	敷设管道光缆(12芯以下)	0.115	胶带(PVC)		盘	52	5.98
7	TXL4-011	敷设管道光缆(12芯以下)	0.115	镀锌铁线 $\phi1.5$	$\phi1.5$	kg	3.05	0.35075
8	TXL4-011	敷设管道光缆(12芯以下)	0.115	光缆	12芯	m	1015	116.725
9	TXL4-011	敷设管道光缆(12芯以下)	0.115	光缆托板		块	48.5	5.5775
10	TXL4-011	敷设管道光缆(12芯以下)	0.115	托板垫		块	48.5	5.5775
11	TXL4-011	敷设管道光缆(12芯以下)	0.115	余缆架		套	1	0.115
12	TXL4-011	敷设管道光缆(12芯以下)	0.115	标志牌		个	6	0.69
13	TXL4-033	打9#人孔墙洞(砖砌人孔,3孔管以下)	1	水泥32.5		kg	5	5
14	TXL4-033	打9#人孔墙洞(砖砌人孔,3孔管以下)	1	中粗砂		kg	10	10
15	TXL4-044	安装引上钢管(墙上)($\phi50$以下)	2	管材(直)		根	1.01	2.02

序号	定额编号	项目名称	工程量	主材名称	规格型号	单位	定额量	使用量
16	TXL4-044	安装引上钢管(墙上)(φ50以下)	2	管材(弯)		根	1.01	2.02
17	TXL4-044	安装引上钢管(墙上)(φ50以下)	2	钢管卡子		副	2.02	4.04
18	TXL4-050	穿放引上光缆	3	光缆		m	6	18
19	TXL4-050	穿放引上光缆	3	镀锌铁线φ1.5	φ1.5	kg	0.1	0.3
20	TXL4-050	穿放引上光缆	3	聚乙烯塑料管		m	6	18
21	TXL4-053	架设吊线式墙壁光缆	0.65	光缆		m	100.7	65.455
22	TXL4-053	架设吊线式墙壁光缆	0.65	挂钩		只	206	133.9
23	TXL4-053	架设吊线式墙壁光缆	0.65	镀锌钢绞线7/2.2	7/2.2	kg	23	14.95
24	TXL4-053	架设吊线式墙壁光缆	0.65	U型钢卡φ6.0		副	14.28	9.282
25	TXL4-053	架设吊线式墙壁光缆	0.65	拉线衬环(小号)		个	4.04	2.626
26	TXL4-053	架设吊线式墙壁光缆	0.65	膨胀螺栓M12		副	24.24	15.756
27	TXL4-053	架设吊线式墙壁光缆	0.65	终端转角墙担		根	4.04	2.626
28	TXL4-053	架设吊线式墙壁光缆	0.65	中间支撑物		套	8.08	5.252
29	TXL4-053	架设吊线式墙壁光缆	0.65	镀锌铁线φ1.5	φ1.5	kg	0.1	0.065
30	TXL4-053	架设吊线式墙壁光缆	0.65	三眼单槽夹板		副	8.08	5.252
31	TXL2-015	平原地区敷设埋式光缆(12芯以下)	0.095	光缆		m	1005	95.475

序号	定额编号	项目名称	工程量	主材名称	规格型号	单位	定额量	使用量
32	TXL2-110	埋式光缆铺塑料管保护	50	塑料管		m	1.01	50.5
33	TXL2-107	人工顶管	45	镀锌无缝钢管($\phi 50\sim\phi 100$)		m	1.01	45.45
34	TXL4-043	安装引上钢管(杆上)	1	管材(直)		根	1.01	1.01
35	TXL4-043	安装引上钢管(杆上)	1	管材(弯)		根	1.01	1.01
36	TXL4-043	安装引上钢管(杆上)	1	镀锌铁线$\phi 4.0$	$\phi 4.0$	kg	1.2	1.2
37	TXL3-051	夹板法装 7/2.2 单股拉线(综合土)	2	镀锌钢绞线 7/2.2	7/2.2	kg	3.02	6.04
38	TXL3-051	夹板法装 7/2.2 单股拉线(综合土)	2	镀锌铁线$\phi 1.5$		kg	0.02	0.04
39	TXL3-051	夹板法装 7/2.2 单股拉线(综合土)	2	镀锌铁线$\phi 3.0$		kg	0.3	0.6
40	TXL3-051	夹板法装 7/2.2 单股拉线(综合土)	2	镀锌铁线$\phi 4.0$		kg	0.22	0.44
41	TXL3-051	夹板法装 7/2.2 单股拉线(综合土)	2	地锚铁柄		套	1.01	2.02
42	TXL3-051	夹板法装 7/2.2 单股拉线(综合土)	2	水泥拉线盘		套	1.01	2.02
43	TXL3-051	夹板法装 7/2.2 单股拉线(综合土)	2	三眼双槽夹板		块	2.02	4.04
44	TXL3-051	夹板法装 7/2.2 单股拉线(综合土)	2	拉线衬环		个	2.02	4.04
45	TXL3-051	夹板法装 7/2.2 单股拉线(综合土)	2	拉线抱箍		套	1.01	2.02
46	TXL3-168	水泥杆架设 7/2.2 吊线(平原地区)	0.255	镀锌钢绞线 7/2.2		kg	221.27	56.4239

序号	定额编号	项目名称	工程量	主材名称	规格型号	单位	定额量	使用量
47	TXL3-168	水泥杆架设 7/2.2 吊线(平原地区)	0.255	镀锌穿钉 长 50		副	22.22	5.6661
48	TXL3-168	水泥杆架设 7/2.2 吊线(平原地区)	0.255	镀锌穿钉 长 100		副	1.01	0.25755
49	TXL3-168	水泥杆架设 7/2.2 吊线(平原地区)	0.255	吊线箍		套	22.22	5.6661
50	TXL3-168	水泥杆架设 7/2.2 吊线(平原地区)	0.255	三眼单槽夹板		副	22.22	5.6661
51	TXL3-168	水泥杆架设 7/2.2 吊线(平原地区)	0.255	镀锌铁线 $\phi4.0$		kg	2	0.51
52	TXL3-168	水泥杆架设 7/2.2 吊线(平原地区)	0.255	镀锌铁线 $\phi3.0$		kg	1	0.255
53	TXL3-168	水泥杆架设 7/2.2 吊线(平原地区)	0.255	镀锌铁线 $\phi1.5$		kg	0.1	0.0255
54	TXL3-168	水泥杆架设 7/2.2 吊线(平原地区)	0.255	拉线抱箍		副	4.04	1.0302
55	TXL3-168	水泥杆架设 7/2.2 吊线(平原地区)	0.255	拉线衬环		个	8.08	2.0604
56	TXL3-180	架设 100 m 以内辅助吊线	1	镀锌钢绞线 7/2.2		kg	22.127	22.127
57	TXL3-180	架设 100 m 以内辅助吊线	1	镀锌穿钉 长 50		副	4.04	4.04
58	TXL3-180	架设 100 m 以内辅助吊线	1	吊线箍		套	2.02	2.02
59	TXL3-180	架设 100 m 以内辅助吊线	1	三眼单槽夹板		副	2	2
60	TXL3-180	架设 100 m 以内辅助吊线	1	镀锌铁线 $\phi3.0$		kg	0.6	0.6

序号	定额编号	项目名称	工程量	主材名称	规格型号	单位	定额量	使用量
61	TXL3-180	架设 100 m 以内辅助吊线	1	镀锌铁线 $\phi1.5$		kg	0.03	0.03
62	TXL3-180	架设 100 m 以内辅助吊线	1	拉线衬环		个	2.02	2.02
63	TXL3-180	架设 100 m 以内辅助吊线	1	茶托拉板		块	2	2
64	TXL3-187	平原地区挂钩法架设架空光缆(12 芯以下)	0.255	光缆		m	1007	256.785
65	TXL3-187	平原地区挂钩法架设架空光缆(12 芯以下)	0.255	挂钩		只	2060	525.3
66	TXL3-187	平原地区挂钩法架设架空光缆(12 芯以下)	0.255	保护软管		m	25	6.375
67	TXL3-187	平原地区挂钩法架设架空光缆(12 芯以下)	0.255	镀锌铁线 $\phi1.5$		kg	1.02	0.2601
68	TXL3-187	平原地区挂钩法架设架空光缆(12 芯以下)	0.255	标志牌		个	10	2.55
69	TXL4-037	打穿机房楼墙洞(砖墙)	1	水泥 32.5		kg	5	5
70	TXL4-037	打穿机房楼墙洞(砖墙)	1	中粗砂		kg	10	10
71	TXL5-074	桥架内明布光缆	0.15	光缆		m	102	15.3
合计								1725.77

将表 J4-7 中的主材进行分类，填入表 J4-2 中，得到的结果如表 J4-8 所示。

表 J4-8 主材用量分类汇总表结果

序号	类别	名　称	规格	单位	使用量
1	光缆	光缆	12 芯	m	567.74
2	塑料及塑料制品	聚乙烯塑料管		个	135.30
3		固定堵头		个	2.79
4		塞子		个	2.82
5		聚乙烯波纹管		m	3.07
6		胶带(PVC)		盘	5.98
7		托板垫		块	5.58
8		塑料管		m	50.50
9		保护软管		m	6.38
10	水泥及水泥制品	水泥 32.5		kg	10.00
11		中粗砂		kg	20.00
12		水泥拉线盘		套	2.02
13	其他	镀锌钢绞线 7/2.2		kg	99.54
14		镀锌铁线 ϕ1.5	ϕ1.5	kg	1.42
15		镀锌铁线 ϕ3.0	ϕ3.0	kg	1.46
16		镀锌铁线 ϕ4.0	ϕ4.0	kg	2.15
17		地锚铁柄		套	2.02
18		三眼双槽夹板		块	4.04
19		三眼单槽夹板		块	12.92
20		拉线衬环		个	8.12
21		拉线抱箍		套	3.05
22		吊线箍		副	7.69
23		镀锌穿钉 50		副	9.71
24		镀锌穿钉 100		副	0.26
25		茶托拉板		块	2.00

序号	类别	名 称	规格	单位	使用量
26	其他	挂钩		只	659.20
27		标志牌		个	3.24
28		光缆托板		块	5.58
29		余缆架		套	0.12
30		管材(直)		根	3.03
31		管材(弯)		根	3.03
32		钢管卡子		副	4.04
33		U 型钢卡 $\phi6.0$		副	9.28
34		拉线衬环(小号)		个	2.63
35		膨胀螺栓 M12		副	15.76
36		终端转角墙担		根	2.63
37		中间支撑物		套	5.25
38		镀锌无缝钢管($\phi50\sim\phi100$)		m	45.45
合 计					1725.77

根据主材运距 500 km，查找表 J4-2 对应主材的相关费率，完成主要材料费用的计算，结果如表 J4-9 所示。

表 J4-9　国内主要材料(表四)甲结果

序号	名 称	规格程式	单位	数量	单价(元) 除税价	合计(元) 除税价	合计(元) 增值税	合计(元) 含税价	备注
I	II	III	IV	V	VI	VII	VIII	IX	X
1	光缆	24	m	567.74	10.00	5677.40	965.158	6642.56	
	光缆类小计 1					5677.40	965.158	6642.56	
	运杂费(小计 1×2%)					85.16	14.477 37	99.64	
	运输保险费(小计 1×0.1%)					5.68	0.965 158	6.64	
	采购及保管费(小计 1×1.1%)					62.45	10.616 738	73.07	
	光缆类合计 1					5830.69	991.217 266	6821.91	

序号	名称	规格程式	单位	数量	单价(元)	合计(元)			备注
					除税价	除税价	增值税	含税价	
I	II	III	IV	V	VI	VII	VIII	IX	X
2	聚乙烯塑料管		个	135.30	10.00	1353.00	230.01	1583.01	
3	固定堵头		个	2.79	10.00	27.95	4.750 65	32.70	
4	塞子		个	2.82	10.00	28.18	4.789 75	32.96	
5	聚乙烯波纹管		m	3.07	10.00	30.71	5.219 85	35.92	
6	胶带(PVC)		盘	5.98	10.00	59.80	10.166	69.97	
7	托板垫		块	5.58	10.00	55.78	9.481 75	65.26	
8	塑料管		m	50.50	10.00	505.00	85.85	590.85	
9	保护软管		m	6.38	10.00	63.75	10.8375	74.59	
	塑料类小计 2					2124.15	361.1055	2485.26	
	运杂费(小计 2×6.5%)					138.07	23.471 8575	161.54	
	运输保险费(小计 2×0.1%)					2.12	0.361 105 5	2.49	
	采购及保管费(小计 2×1.1%)					23.37	3.972 160 5	27.34	
	塑料类合计 2					2287.71	388.910 623 5	2676.62	
10	水泥 32.5		kg	10.00	10.00	100.00	17	117.00	
11	中粗砂		kg	20.00	10.00	200.00	34	234.00	
12	水泥拉线盘		套	2.02	10.00	20.20	3.434	23.63	
	水泥及水泥制品类小计 3					320.20	54.434	374.63	
	运杂费(小计 3×27%)					86.45	14.697 18	101.15	
	运输保险费(小计 3×0.1%)					0.32	0.054 434	0.37	
	采购及保管费(小计 3×1.1%)					3.52	0.598 774	4.12	
	水泥及水泥制品类合计 3					410.50	69.784 388	480.28	

序号	名 称	规格程式	单位	数量	单价(元)除税价	合计(元)			备注
						除税价	增值税	含税价	
I	II	III	IV	V	VI	VII	VIII	IX	X
13	镀锌钢绞线 7/2.2		kg	99.54	10.00	995.41	169.219 445	1164.63	
14	镀锌铁线 φ1.5	φ1.5	kg	1.42	10.00	14.22	2.417 57	16.64	
15	镀锌铁线 φ3.0	φ3.0	kg	1.46	10.00	14.55	2.4735	17.02	
16	镀锌铁线 φ4.0	φ4.0	kg	2.15	10.00	21.50	3.655	25.16	
17	地锚铁柄		套	2.02	10.00	20.20	3.434	23.63	
18	三眼双槽夹板		块	4.04	10.00	40.40	6.868	47.27	
19	三眼单槽夹板		块	12.92	10.00	129.18	21.960 77	151.14	
20	拉线衬环		个	8.12	10.00	81.20	13.804 68	95.01	
21	拉线抱箍		套	3.05	10.00	30.50	5.185 34	35.69	
22	吊线箍		副	7.69	10.00	76.86	13.066 37	89.93	
23	镀锌穿钉 50		副	9.71	10.00	97.06	16.500 37	113.56	
24	镀锌穿钉 100		副	0.26	10.00	2.58	0.437 835	3.01	
25	茶托拉板		块	2.00	10.00	20.00	3.4	23.40	
26	挂钩		只	659.20	10.00	6592.00	1120.64	7712.64	
27	标志牌		个	3.24	10.00	32.40	5.508	37.91	
28	光缆托板		块	5.58	10.00	55.78	9.481 75	65.26	
29	余缆架		套	0.12	10.00	1.15	0.1955	1.35	
30	管材(直)		根	3.03	10.00	30.30	5.151	35.45	
31	管材(弯)		根	3.03	10.00	30.30	5.151	35.45	
32	钢管卡子		副	4.04	10.00	40.40	6.868	47.27	
33	U 型钢卡 φ6.0		副	9.28	10.00	92.82	15.7794	108.60	
34	拉线衬环(小号)		个	2.63	10.00	26.26	4.4642	30.72	
35	膨胀螺栓 M12		副	15.76	10.00	157.56	26.7852	184.35	

序号	名　称	规格程式	单位	数量	单价(元)除税价	合计(元)除税价	合计(元)增值税	合计(元)含税价	备注
I	II	III	IV	V	VI	VII	VIII	IX	X
36	终端转角墙担		根	2.63	10.00	26.26	4.4642	30.72	
37	中间支撑物		套	5.25	10.00	52.52	8.9284	61.45	
38	镀锌无缝钢管(ϕ50～ϕ100)		m	45.45	10.00	454.50	77.265	531.77	
	其他类小计4					9135.91	1553.104 53	10 689.01	
	运杂费(小计4×5.4%)					493.34	83.867 644 62	577.21	
	运输保险费(小计4×0.1%)					9.14	1.553 104 53	10.69	
	采购保管费(小计4×1.1%)					100.49	17.084 149 83	117.58	
	其他类合计4					9738.88	1655.609 429	11 394.49	
	总计(合计1+合计2+合计3+合计4)					18267.77	3105.521 706	21 373.30	

要填写表 J4-4，需要计算出本工程的机械使用费及仪表使用费分别是多少，可从工程量表中每个定额下面的机械、仪表分别转到机械使用费和仪表使用费表中，结果如表 J4-10、表 J4-11 所示。

表 J4-10　建筑安装工程机械使用费预算表(表三)乙

序号	定额编号	项目名称	单位	数量	机械名称	单位定额值消耗量(台班)	单位定额值单价(元)	合计值消耗量(台班)	合计值合价(元)
I	II	III	IV	V	VI	VII	VIII	IX	X
1	TXL4-001	布放光(电)缆人孔抽水(积水)	个	0.95	抽水机	0.2	119	0.19	22.61
2	TXL2-007	挖、夯填光(电)缆沟(普通土)	100 m³	0.12	夯实机	0.75	117	0.09	10.53
3		合　计							33.14

表 J4-11 建筑安装工程仪表使用费预算表(表三)丙

序号	定额编号	项目名称	单位	数量	仪表名称	单位定额值		合计值	
						消耗量	单价	消耗量	合价
						(台班)	(元)	(台班)	(元)
I	II	III	IV	V	VI	VII	VIII	IX	X
1	TXL1-001	直埋光(电)缆工程施工测量	100 m	0.95	地下管线探测仪	0.05	157	0.0475	7.4575
2	TXL1-001	直埋光(电)缆工程施工测量	100 m	0.95	激光测距仪	0.04	119	0.038	4.522
3	TXL1-002	架空光(电)缆线路工程施工测量	100 m	2.61	激光测距仪	0.05	119	0.1305	15.5295
4	TXL1-003	管道光(电)缆工程施工测量	100 m	1.92	激光测距仪	0.04	119	0.0768	9.1392
5	TXL1-006	光缆单盘检验	芯盘	12	光时域反射仪	0.05	153	0.6	91.8
6	TXL4-004	人工敷设塑料子管(1孔子管)	km	0.115	有毒有害气体检测仪	0.25	117	0.028 75	3.363 75
7	TXL4-004	人工敷设塑料子管(1孔子管)	km	0.115	可燃气体检测仪	0.25	117	0.028 75	3.363 75

序号	定额编号	项目名称	单位	数量	仪表名称	单位定额值		合计值	
						消耗量	单价	消耗量	合价
						(台班)	(元)	(台班)	(元)
I	II	III	IV	V	VI	VII	VIII	IX	X
8	TXL4-011	敷设管道光缆(12芯以下)	千米条	0.115	有毒有害气体检测仪	0.25	117	0.028 75	3.363 75
9	TXL4-011	敷设管道光缆(12芯以下)	千米条	0.115	可燃气体检测仪	0.25	117	0.028 75	3.363 75
10		合　计							141.90

表 J4-4 建筑安装工程费预算表(表二)结果如表 J4-12 所示。

表 J4-12　建筑安装工程费用预算表(表二)结果

序号	费用名称	依据和计算方法	合计(元)
I	II	III	IV
	建筑安装工程费(含税价)	一+二+三+四	71 530.38
	建筑安装工程费(除税价)	一+二+三	53 194.85
一	直接费	(一)+(二)	40 710.75
(一)	直接工程费	1+2+3+4	33 892.98
1	人工费	(1)+(2)	15 395.36
(1)	技工费	技工工日×114 元/工日	7588.86
(2)	普工费	普工工日×61 元/工日	7806.50
2	材料费	(1)+(2)	18 322.58
(1)	主要材料费	主要材料表	18 267.77
(2)	辅助材料费	主要材料费×0.3%	54.80
3	机械使用费	表三乙	33.14
4	仪表使用费	表三丙	141.90

序号	费用名称	依据和计算方法	合计(元)
I	II	III	IV
(二)	措施费	1+2+3+…+15	6817.77
1	文明施工费	人工费×1.5%	230.93
2	工地器材搬运费	人工费×3.4%	523.44
3	工程干扰费	不计	0.00
4	工程点交、场地清理费	人工费×3.3%	508.05
5	临时设施费	人工费××5%	769.77
6	工程车辆使用费	人工费×5%	769.77
7	夜间施工增加费	不计	0
8	冬雨季施工增加费	人工费×2.5%	384.88
9	生产工具用具使用费	人工费×1.5%	230.93
10	施工用水电蒸汽费	按实计列	1000.00
11	特殊地区施工增加费	总工日×特殊地区补贴金额	0.00
12	已完工程及设备保护费	不计	0.00
13	运土费	不计	0.00
14	施工队伍调遣费	单程调遣定额×调遣人数×2	2400.00
15	大型施工机械调遣费	调遣车运价×调遣运距×2	0.00
二	间接费	(一)+(二)	9405.03
(一)	规费	1+2+3+4	5186.70
1	工程排污费		0.00
2	社会保障费	人工费×28.5%	4387.68
3	住房公积金	人工费×4.19%	645.07
4	危险作业意外伤害保险费	人工费×1%	153.95
(二)	企业管理费	人工费×27.4%	4218.33
三	利润	人工费×20%	3079.07
四	销项税额	建筑安装工程费(除税价)×适用税率	5851.43

根据题目给定的已知条件，可填写表 J4-5，结果如表 J4-13 所示。

表 J4-13　工程建设其他费预算表(表五)甲

序号	费用名称	计算依据及方法	金额（元）			备注
			除税价	增值税	含税价	
I	II	III	IV	V	VI	VII
1	建设用地及综合赔补费	给定			0.00	
2	项目建设管理费	工程费×1.5%			0.00	
3	可行性研究费	给定	2000.00	120.00	2120.00	
4	研究试验费	不计			0.00	
5	勘察设计费	给定	1500.00	90.00	1590.00	
6	环境影响评价费	不计			0.00	
7	建设工程监理费	不计	0.00	0.00	0.00	
8	安全生产费	建筑安装工程费（除税价）×1.5%	797.92	87.77	885.69	
9	引进技术及进口设备其他费	不计			0.00	
10	工程保险费	不计			0.00	
11	工程招标代理费	不计			0.00	
12	专利及专利技术使用费	不计			0.00	
13	其他费用	不计			0.00	
	总计		4297.92	297.77	4595.69	
14	生产准备及开办费(运营费)	不计				

第5章　信息通信建设工程概预算

文件编制

自我测试解答

一、填空题

1. 概预算文件由＿＿＿＿＿＿＿＿和＿＿＿＿＿＿＿＿组成。

【答案】　概预算编制说明　概预算表格

2. 《信息通信建设工程概预算编制规程》适用于通信建设项目新建和＿＿＿＿＿＿＿工程的概算、预算的编制，＿＿＿＿＿＿＿工程可参照使用。

【答案】　扩建　改建

3. 设计概算的审查包括编制依据的审查、＿＿＿＿＿＿＿＿＿＿＿＿和相关费用费率计取的审查。

【答案】　工程量的审查

4. 表征某工程项目工程量统计情况的概预算表格是＿＿＿＿＿＿＿＿＿＿，反映引进工程其他建设费用的预算表格是＿＿＿＿＿＿＿＿＿＿。

【答案】　(表三)甲　(表五)乙

5. 表二主要对应于单项工程费用中的＿＿＿＿＿＿＿＿＿＿＿＿＿＿。

【答案】　建筑安装工程费

6. 施工图预算应由＿＿＿＿＿＿＿＿＿＿＿＿进行审批。

【答案】　建设单位

7. 审查施工图预算时，应重点对工程量、＿＿＿＿＿＿＿＿、＿＿＿＿＿＿＿＿、补充单价及各项计取费用等进行审查。

【答案】 定额套用　定额换算

8.(表三)甲和(表四)甲国内需要安装的设备表格编号分别为、＿＿＿＿＿＿和＿＿＿＿＿＿。

【答案】 专业代码-3 甲　专业代码-4 甲 B

9. 预算表格＿＿＿＿＿＿用于计算仪表使用费，预算表格＿＿＿＿＿＿用于计算国内工程计列的工程建设其他费。

【答案】 (表三)丙　(表五)甲

10. 当建设项目采用两阶段设计时，初步设计阶段编制设计概算，施工图设计阶段编制＿＿＿＿＿＿。建设项目按三阶段设计时，在技术设计阶段编制＿＿＿＿＿。

【答案】 施工图预算　修正概算

二、判断题

1. 工信部〔2017〕451 号文件所颁布的《信息通信建设工程概预算编制规程》适用于新建、扩建、改建工程。　　　　　　　　（　　）

【答案】 ×。本规程适用于信息通信建设项目新建和扩建工程的概算、预算的编制，改建工程可参照使用。

2. 通信项目建设中土建工程应另行编制概预算，且费用不计入项目建设总费用。　　　　　　　　　　　　　　　　　　（　　）

【答案】 ×。《信息通信建设工程概预算编制规程》提及信息通信建设项目涉及土建工程时(铁塔基础施工工程除外)，应按各地区有关部门编制的土建工程的相关标准编制概算、预算，且计入项目建设总费用。

3. 引进设备安装工程的概算、预算应用两种货币表现形式，其外币表现形式可用美元或引进国货币。　　　　　　　　　　（　　）

【答案】 √。

4. 通信建设工程概算、预算是指从工程开工建设到竣工验收所需的全部费用。　　　　　　　　　　　　　　　　　　（　　）

【答案】 ×。《信息通信建设工程概预算编制规程》提及信息通信建设工程概算、预算应包括从筹建到竣工验收所需的全部费用。

5. 通信建设工程概算、预算编制应由法人承担，而审核时由自然人完成。

（　　）

【答案】　×。通信建设工程概算、预算编制和审核人员必须熟练掌握《信息通信建设工程预算定额》等规范文件，自然人不熟练预算定额的无法进行审核。

6. 当工程项目采用两阶段设计时，编制施工图预算必须计取预备费。

（　　）

【答案】　×。对于两阶段设计时的施工图预算，由于初步设计概算中已计列预备费，所以两阶段设计预算中不再计列预备费。

7. 预算的组成一般应包括工程费和工程建设其他费。若为一阶段设计时，除工程费和工程建设其他费之外，另外列预备费。　　　　　　　（　　）

【答案】　√。

8. 建设项目的投资估算一定比初步设计概算小。　　　　　　（　　）

【答案】　×。要视具体工程情况而定。

9. 编制施工图预算不能突破已批准的初步设计概算。　　　（　　）

【答案】　√。

10. 设计概算的组成是根据建设规模的大小而确定的，一般由建设项目总概算、单项工程概算组成。　　　　　　　　　　　　　　　（　　）

【答案】　√。

11. 建设项目的费用在预算表格汇总表中反映。　　　　　　（　　）

【答案】　√。汇总表反映建设项目的总费用，包括多个单项工程费用。

12. 建设项目在初步设计阶段可不编制概算。　　　　　　　（　　）

【答案】　×。初步设计阶段编制设计概算。

13. 概算是施工图设计文件的重要组成部分。在编制概算时，应严格按照批准的可行性研究报告和其他有关文件进行。　　　　　　　（　　）

【答案】　×。施工图预算是施工图设计文件的重要组成部分，编制施工图预算应在批准的设计概算范围内进行。对于一阶段设计，编制施工图预算应在投资估算的范围内进行。

14. 预算是初步设计文件的重要组成部分。编制预算时，应在批准的初步设计文件概算范围内进行。   （   ）

【答案】 ×。设计概算是初步设计文件的重要组成部分。编制设计概算应在投资估算的范围内进行。

15. 填写概预算表格时，表三和表四可同步进行。   （   ）

【答案】 √。表三和表四可以同步填写，即查找单位定额人工工日的同时也查找主要材料用量。

三、简答题

1. 概预算表有哪几种表？共几张表格？写出每个表的具体名称。

【答】 通信建设工程概预算表格共 6 种 10 张表格，分别如下：

建设项目总概预算表(汇总表)、工程概预算总表(表一)、建筑安装工程费用概预算表(表二)、建筑安装工程量概预算表(表三)甲、建筑安装工程施工机械使用费概预算表(表三)乙、建筑安装工程仪器仪表使用费概预算表(表三)丙、国内器材概预算表(表四)甲、进口器材概预算表(表四)乙、工程建设其他费概预算表(表五)甲、进口设备工程建设其他费概预算表(表五)乙。

2. 简述通信建设工程概预算表格的填写顺序。

【答】 第一步：根据统计出来的工程量汇总表，套用定额，填写工程量统计表(表三)甲。同时，根据预算定额手册定额项目表中所反映的主材及规定用量、机械台班量、仪表台班量，一是依据《通信建设工程施工机械、仪表台班定额》，查找机械、仪表台班单价，填写(表三)乙和(表三)丙；二是依据定额管理部门所规定的设备、材料的预算价格，完成(表四)甲和(表四)乙。如果本次工程不是引进工程项目，(表四)乙无需填写。

第二步：根据工程实际情况和相关条件，填写建筑安装工程费表二、工程建设其他费(表五)甲和(表五)乙，完成工程费用费率的计取。如果本次工程不是引进工程项目，(表五)乙无需填写。

第三步：完成单项工程总费用表一的填写。单项工程费用由工程费、工程建设其他费、预备费以及建设期利息组成，根据工程实际要求进行计列。

第四步：建设项目总费用汇总表的填写。这里要注意的是，若本工程是单个单项工程组成，汇总表就不需要填写了，只有由多个单项工程组成一个建设项目时，才需要填写汇总表。

通信工程概预算表格间的关系如图 T5-1 所示。

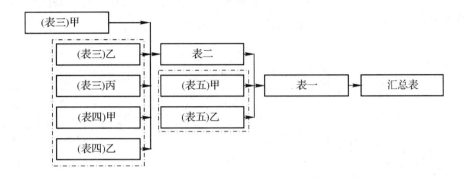

图 T5-1　通信工程概预算表格间的关系

3．简述通信建设工程概预算表格与费用的对应关系。

【答】　预算表格表二的主要内容对应于工程费中的建筑安装工程费，(表四)甲国内设备、(表四)乙引进设备主要内容对应于工程费中的设备、工器具购置费，(表五)甲、(表五)乙主要内容对应于单项工程费用中的工程建设其他费，整个单项工程总费用直接反映在预算表一中，其示意图如图 T5-2 所示。

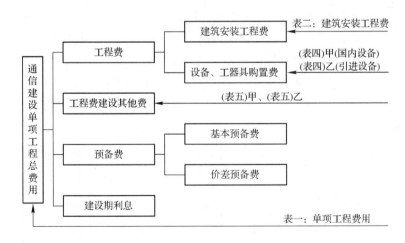

图 T5-2　通信建设工程概预算表格与费用的对应关系 I

预算表格(表三)甲对应于直接工程费中的人工费，由(表三)甲可得技工总工日和普工总工日,依据人工工日标准,计算出人工费;(表四)甲国内主材、(表四)乙引进主材对应于材料费,材料费由主要材料费和辅助材料费组成;机械使用费、仪表使用费分别反映在预算表格(表三)乙、(表三)丙中;措施费多数以人工费为计取基础,其示意图如图 T5-3 所示。

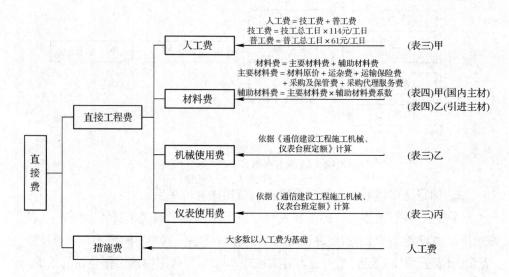

图 T5-3　通信建设工程概预算表格与费用间的对应关系Ⅱ

4．简述通信建设工程概预算编制流程。

【答】　通信建设工程概预算编制时,首先要收集工程相关资料,熟悉图纸,进行工程量的统计;其次要套用预算定额确定主材使用量、选用设备材料价格,依据费用定额计算各项费用费率的计取;再次进行复核检查,无误后撰写概预算编制说明;最后经主管领导审核、签字后,进行印刷出版。其流程图如图 T5-4 所示。

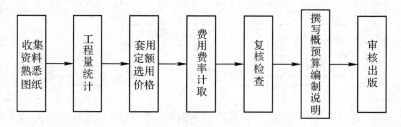

图 T5-4　通信建设工程概预算编制流程

5．简述概预算编制说明包括哪些部分。

【答】 ① 工程概况和概预算总价值的介绍。

② 编制依据及采用的取费标准和计算方法的说明。

③ 工程技术经济指标分析。

④ 其他需要说明的问题。

6．简述表三甲(工程量统计表)的填写方法。

【答】 表三甲(工程量统计表)的填写方法如下：

① 第Ⅱ栏根据《信息通信建设工程预算定额》，填写所套用预算定额子目的编号。若需临时估列工作内容子目，在本栏中标注"估列"两字；"估列"条目达到两项，应编写"估列"序号。

② 第Ⅲ、Ⅳ栏根据《信息通信建设工程预算定额》分别填写所套定额子目的名称、单位。

③ 第Ⅴ栏填写对应该子目的工程量数值。

④ 第Ⅵ、Ⅶ栏填写所套定额子目的单位工日定额值。

⑤ 第Ⅷ栏为第Ⅴ栏与第Ⅵ栏的乘积。

⑥ 第Ⅸ栏为第Ⅴ栏与第Ⅶ栏的乘积。

7．施工图预算的编制依据主要有哪些？

【答】 ① 批准的初步设计概算或可行性研究报告及有关文件。

② 施工图、标准图、通用图及其编制说明。

③ 国家相关管理部门发布的有关法律、法规、标准规范。

④ 《信息通信建设工程预算定额》、《信息通信建设工程费用定额》及其有关文件。

⑤ 建设项目所在地政府发布的土地征用和赔补费用等有关规定。

⑥ 有关合同、协议等。

8．简述施工图预算审查步骤。

【答】 ① 备齐有关资料，熟悉图纸。

② 熟悉工程施工现场情况。

③ 熟悉预算所包括的范围。

④ 了解预算所采用的定额标准。

⑤ 选定审查方法对预算进行审查。

⑥ 预算审查结果的处理与定案。

9．简述施工图预算审查的主要内容。

【答】① 工程量的审查。

② 套用预算定额的审查。

③ 临时定额和定额换算的审查。

④ 各项计取费用的审查。

第6章　信息通信建设工程概预算实务

一、填空题

1. 通信设备安装工程共分为三大类：通信电源设备安装工程、_____、_____。

【答案】　有线通信设备安装工程　无线通信设备安装工程

2. 有线通信设备安装工程包括传输设备、_____、_____及视频监控设备安装工程。

【答案】　数据通信设备　交换设备

3. 通信线路工程施工测量长度 = _____。

【答案】　路由图末长度 – 路由图始长度

4. 敷设光(电)缆工程量 =[施工丈量长度 × (1 + K‰) + 各种设计_____] ÷ 1000(其中 K 为自然弯曲系数)。

【答案】　预留长度

5. 通信管道工程施工测量长度 = _____。

【答案】　路由长度或各人孔中心至人孔中心长度之和

6. 增值税是以商品(应含税劳务)在流转过程中产生的_____作为计税依据而征收的一种流转税。

【答案】　增值额

7. 如果该工程有甲供主材，则销项税额 = _____。

【答案】　(直接费 + 间接费 + 利润) × 11% + 甲供主材费 × 适用税率

8. 勘察设计费的增值税 = 除税价 × _____。

【答案】　6%

9. 建设工程监理费的增值税 = 除税价 × _____。

【答案】 6%

10. 安全生产费的增值税 = 除税价 × _____。

【答案】 11%

11. 建筑安装工程费的含税价 = 除税价 + _____。

【答案】 销项税额

12. 预备费的增值税 = 除税价 × _____。

【答案】 17%

二、判断题

1. 不论是否有甲供材料，销项税额 = (直接费 + 间接费 + 利润) × 11%。
(   )

【答案】 ×。销项税额 = (人工费 + 乙供主材费 + 辅材费 + 机械使用费 + 仪表使用费 + 措施费 + 规费 + 企业管理费 + 利润) × 11% + 甲供主材费 × 适用税率。式中甲供主材适用税率为材料采购税率，乙供主材指建筑服务方提供的材料。

2. 安全生产费在任何工程中都必须计取。   (   )

【答案】 ×。安全生产费是指施工企业按照国家有关规定和建筑施工安全标准，购置施工防护用具、落实安全施工措施以及改善安全生产条件所需要的各项费用，此项费用有时不计取。

3. 编制概算时，所有材料的运输距离均按 500 km 计算。   (   )

【答案】 ×。编制概算时，除水泥及水泥制品的运输距离按 500 km 计算，其他类型的材料运输距离按 1500 km 计算。

4. 凡由建设单位提供利旧材料，其材料费不计入工程成本，但作为计算辅助材料费的基础。   (   )

【答案】 √。

5. 通信线路工程不论施工现场与企业的距离是多少，临时设施费的费率都一样。   (   )

【答案】 ×。临时设施费按施工现场与企业的距离划分为 35 km 以内、35 km 以外两档。

6. 冬雨季施工增加费的费率不论什么地区都一样。   (   )

【答案】 ×。冬雨季施工增加费地区划分为Ⅰ、Ⅱ、Ⅲ三类，对应的费率不同。

7. 特殊地区施工增加费补贴金额都是 8 元/天。 ( )

【答案】 ×。高海拔地区 4000 m 以下、高海拔地区 4000 m 以上，原始森林、沙漠、化工、核工业、山区无人值守站地区补贴金额分别为 8 元/天、25 元/天、17 元/天。

8. 预备费＝(建筑安装工程费＋工程建设其他费)×预备费费率。 ( )

【答案】 ×。预备费＝(工程费＋工程建设其他费)×预备费费率。

9. 布放 1/2″ 射频同轴电缆 12 m 的工程量可分为 4 m 以下 1 条和每增加 1 m 的 8 米条。 ( )

【答案】 √。布放 1/2″ 射频同轴电缆有 4 m 以下和每增加 1 m 两种定额。

10. 安装室内天线的工程量不论安装高度是多少都套用一个定额。 ( )

【答案】 ×。不同安装高度对应不同定额。

三、选择题

1. ××无线通信设备安装单项工程表一的表格编号为( )。

A. TSD-1   B. TSW-1

C. TSY-1   D. TGD-1

【答案】 B。表一的表格编号为专业代码-1，无线通信设备安装工程对应的专业代码为 TSW。

2. ××架空线路工程单项工程表五甲的表格编号为( )。

A. TXL-5 甲   B. TGD-5 甲

C. TSY-5 甲   D. TXL-5 乙

【答案】 A。表五甲的表格编号为专业代码-5 甲，架空线路工程对应的专业代码为 TXL。

3. 下列表能反映工程量的是( )。

A. (表三)乙   B. (表三)丙

C. (表三)甲   D. (表四)甲

【答案】 C。(表三)甲表示工程量表，(表三)乙、(表三)丙分别表示机械、仪表使用费表，(表四)甲表示国内主材表或国内设备表。

4. 表四甲不可以供编制( )预算表。

A. 主材材料表   B. 需要安装的设备表

C. 不需要安装的设备表   D. 引进器材主要材料表

【答案】 D。引进器材主要材料表应该使用表四乙。

5. 下列属于设备、工器具购置费的是(　　)。

A. 设备安装费   B. 工地器材搬运费

C. 运输保险费   D. 销项税额

【答案】 C。设备、工器具购置费 = 设备原价 + 运杂费 + 运输保险费 + 采购及保管费 + 采购代理服务费。

6. 通信建设工程企业管理费的计算基础是(　　)。

A. 直接费   B. 直接工程费

C. 技工费   D. 人工费

【答案】 D。企业管理费 = 人工费 × 相关费率(各类通信工程取定为27.4%)。

7. 下列选项中不属于材料预算价格内容的是(　　)。

A. 材料原价   B. 材料运杂费

C. 材料采购及保管费   D. 工地器材搬运费

【答案】 D。主要材料费 = 材料原价 + 运杂费 + 运输保险费 + 采购及保管费 + 采购代理服务费。

8. 下列哪项费用的改变不会引起预备费的改变(　　)。

A. 工程费   B. 工程建设其他费

C. 人工费   D. 建设期利息

【答案】 D。预备费 = (工程费 + 工程建设其他费) × 预备费费率，人工费的变化会引起工程费的变化，从而影响预备费。

9. 下面有关通信线路工程小工日调整说法正确的是(　　)。

A. 工程总工日在 100 工日以下时，增加 15%

B. 工程总工日在 100～250 工日时，增加 15%

C. 工程总工日在 100～250 工日时，增加 10%

D. 工程总工日在 250～300 工日时，增加 5%

【答案】 AC。详见《信息通信建设工程预算定额》手册的总说明。

10. 编制竣工图纸和资料所发生的费用已包含在(　　)中。

A. 工程点交、场地清理费   B. 企业管理费

C. 现场管理费   D. 建设单位管理费

【答案】 A。工程点交、场地清理费指按规定编制竣工图及资料、工程点交、施工场地清理等发生的费用。

11. 室内安装防雷箱应套用的定额编号为( )。

A．TSW1-032   B．TSW1-027

C．TSW1-028   D．TSW1-029

【答案】 B。从定额手册《第三册　无线通信设备安装工程》中查找。

12. 楼顶铁塔上 20 m 以下安装定向天线套用的定额编号为( )。

A．TSW1-001   B．TSW1-002

C．TSW1-009   D．TSW1-010

【答案】 C。从定额手册《第三册　无线通信设备安装工程》中查找。

四、简答题

1．简述概预算表的填写流程。

【答】 参考答案见第 5 章简答题 2。

2．通信工程中材料可以分为哪些类别？

【答】 通信工程中材料包括光缆、电缆、塑料及塑料制品、木材及木制品、水泥及水泥构件、其他 6 种类别。

3．描述预算表的表一中工程费的增值税的计算方法。

【答】 工程费的增值税 = 建筑安装工程费 × 11% + 设备费 × 17%。

4．预算表的表一中预备费的增值税的税率一般取多少？

【答】 表一中预备费的增值税的税率一般取 17%。

5．写出表五中安全生产费(除税价)的计算方法。

【答】 安全生产费(除税价) = 建筑安装工程费(除税价) × 1.5%。

6．写出单项工程总费用的构成。

【答】 每个单项工程总费用由工程费、工程建设其他费、预备费、建设期利息四个部分组成。

7．通信工程在什么情况下计取工程干扰费？

【答】 在以下情况下计取工程干扰费：通信线路工程(干扰地区)、通信管道工程(干扰地区)、无线通信设备安装工程(干扰地区)。其中：干扰地区指城区、高速公路隔离带、铁路路基边缘等施工地带；城区的界定以当地规划部门规划文件为准。

五、预算表格填写题

图 T6-1(a)为管道沟截面示意图，管道沟为一立型(底宽 0.65 m)，混凝土管道基础为一立型宽 350 mm、C15；图 T6-1(b)为管道工程施工图；图 T6-1(c)为人孔横截面示意图。

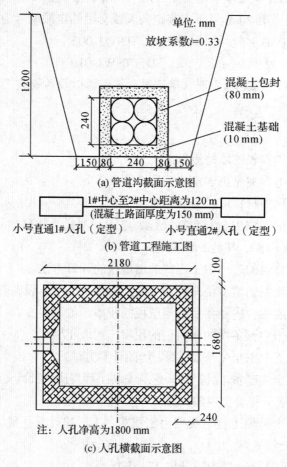

(a) 管道沟截面示意图

(b) 管道工程施工图

(c) 人孔横截面示意图

图 T6-1　管道光缆工程相关工程图

在管道建设过程中，需要进行人孔抽水(弱水流)，现场浇筑上覆。对于一个新建管道工程来说，主要工程量有施工测量、开挖路面、开挖与回填管道沟及人(手)孔坑、手推车倒运土方、管道基础(加筋或不加筋)、敷设管道(塑料、水泥、镀锌钢管)、砖砌人(手)孔、防护等内容，土质为普通土，路面开挖方式采用人工开挖。要求对照图 T6-1 施工图纸进行预算表三甲的填写。

【参考答案】

(1) 施工测量：由图 T6-1(b)可知，小号直通 1# 至 2# 之间的距离为 120 m，即为 1.2 百米。

(2) 开挖混凝土路面面积：由图 T6-1(a)可知混凝土路面厚度为 150 mm，经查询《第五册　通信管道工程》预算定额手册的附录十可知，开挖定型人孔(小号直通)上口路面面积为 26.38 m²，即该工程开挖小号直通人孔 1# 和 2# 的上口路面面积为 26.38 × 2 = 52.76 m²。同时查询附录九可知，开挖 100 m 长一立型(底宽为 0.65 m)、沟深为 1.2 m、放坡系数为 0.33 的管道沟上口路面面积为 144.2 m²，即该工程开挖管道沟上口路面面积为 144.2 × 1.2 = 173.04 m²。因此，本次工程开挖混凝土路面的总面积 $S = 52.76 + 173.04 = 225.8$ m²，即为 2.258 百平方米。

(3) 人孔坑抽水(弱水流)：数量 = 2 个。

(4) 开挖土方体积：查询《第五册　通信管道工程》预算定额手册的附录十可知，开挖定型人孔(小号直通型)为 51.4 m³，即该工程开挖定型人孔(小号直通型)的土方体积为 51.4 × 2 = 102.8 m³。同时查询附录八可知，开挖 100 m 长一立型(底宽为 0.65 m)、沟深为 1.2 m、放坡系数为 0.33 的管道沟土方体积为 125.5 m³，即该工程开挖管道沟土方体积为 125.5 × 1.2 = 150.6 m³。因此，本次工程开挖土方体积 $V = 102.8 + 150.6 = 253.4$ m³，即为 2.534 百立方米。

(5) 回填土方体积：一般来说，通信管道工程的回填土方体积只计取管道沟的回填部分，人孔坑的回填部分忽略不计。管道沟的回填土方体积为管道沟开挖土方体积减去管群体积，即管道体积 = 0.41 × 0.41 × 120 = 20.172 m³，管道沟的回填体积 $V = 150.6 - 20.172 = 130.428$ m³，即为 1.304 28 百立方米。

(6) 手推车倒运土方体积：通信管道工程的倒运土方体积等于人孔坑的倒运土方体积与管道沟的倒运土方体积之和。其中，人孔坑的倒运土方体积等于人孔坑的开挖土方体积，即为 102.8 m³；管道沟的倒运土方体积等于管群体积，即为 20.172 m³。因此，手推车倒运土方体积 $V = 102.8 + 20.172 = 122.972$ m³，即为 1.229 72 百立方米。

(7) 混凝土管道基础(一立型 350 mm 宽，C15)：数量 = 120 m，即为 1.2 百米。

(8) 敷设塑料管道(4 孔(2 × 2))：数量 = 120 m，即为 1.2 百米。

(9) 管道混凝土包封体积：根据模块一中通信管道建设有关包封的计算公式可知

$$V = [(0.08 - 0.05) \times 0.08 \times 2 + 0.25 \times 0.08 \times 2 + 0.08 \times 2 +$$
$$0.08 \times (0.08 + 0.25 + 0.08)] = 0.2376 \text{ m}^3$$

(10) 砖砌人孔(小号直通型，现场浇筑上覆)：数量 = 2 个。

(11) 防水砂浆抹面面积：从图 T6-1(c)可知，小号直通型人孔内长为 1.7 m，内宽为 1.2 m，净高为 1.8 m，则单个人孔内抹面面积为$(1.7 + 1.2) \times 2 \times 1.8 + 1.7 \times 1.2 = 12.48 \text{ m}^2$，外抹面面积为$(1.7 + 0.48 + 1.2 + 0.48) \times 2 \times 1.8 = 13.896 \text{ m}^2$，单个人孔的防水砂浆抹面总面积为 $12.48 + 13.896 = 26.376 \text{ m}^2$，则两个人孔的抹面总面积 $S = 26.376 \times 2 = 52.752 \text{ m}^2$。

本实例是按照预算定额手册的附录参考值进行近似计算的，实际上也可运用《通信工程概预算》附录 C 的相关计算公式进行精确计算。

现将上述计算出来的数据用工程量表格表示，如表 T6-1 所示。

表 T6-1　管道光缆工程工程量

序号	定额编号	项 目 名 称	定额单位	数量
1	TGD1-001	施工测量	百米	1.2
2	TGD1-002	人工开挖路面(混凝土，100 mm 以下)	百平方米	2.258
3	TGD1-003	人工开挖路面(混凝土，每增加 10 mm)	百平方米	11.29
4	TGD1-041	人孔坑抽水(弱水流)	个	2
5	TGD1-017	开挖管道沟及人孔坑(普通土)	百立方米	2.534
6	TGD1-027	回填土石方(松填原土)	百立方米	1.304 28
7	TGD1-034	手推车倒运土方	百立方米	1.229 72
8	TGD2-001	混凝土管道基础(一立型 350 mm 宽，C15)	百米	1.2
9	TGD2-089	敷设塑料管道(4 孔(2 × 2))	百米	1.2
10	TGD2-138	管道混凝土包封(C15)	m³	0.2376
11	TGD3-001	砖砌人孔(小号直通型，现场浇筑上覆)	个	2
12	TGD4-002	防水砂浆抹面面积(五层，砖砌墙)	m²	52.752

技能实训剖析

一、实训目的

1. 理解和掌握通信线路工程各类工程的工作流程及主要工程量。

2. 能熟练运用 2016 版预算定额手册，正确进行相关定额子目的查找和套用。

3. 理解和掌握通信建设工程工程量的统计方法。

4. 掌握通信建设工程费用费率的计取方法。

5. 熟练掌握通信建设工程预算表格的填写方法。

6. 能独立进行实际工程项目的概预算文件编制。

7. 能熟练进行通信建设工程概预算编制说明的撰写。

二、实训场地和器材

通信工程设计实训室、2016 版预算定额手册 1 套、微型计算机 1 台。

三、实训内容

1. 已知条件

(1) 本设计为××学院移动通信基站中继光缆线路单项工程一阶段设计，施工图如图 J6-1 所示。

(2) 本工程建设单位为××市移动分公司，不委托监理，不购买工程保险，不实行工程招标。核心机房的 ODF 架已安装完毕，本次工程的中继传输光缆只需上架成端即可。

(3) 施工企业距离工程所在地 200 km。工程所在地区为江苏，为非特殊地区。敷设通道光缆用材视同敷设管道光缆。不使用偏振模色散测试仪，单波长测试。

(4) 国内配套主材的运距为 400 km，按不需要中转(即无需采购代理)考虑。

(5) 施工用水、电、蒸汽费按 300 元计取。

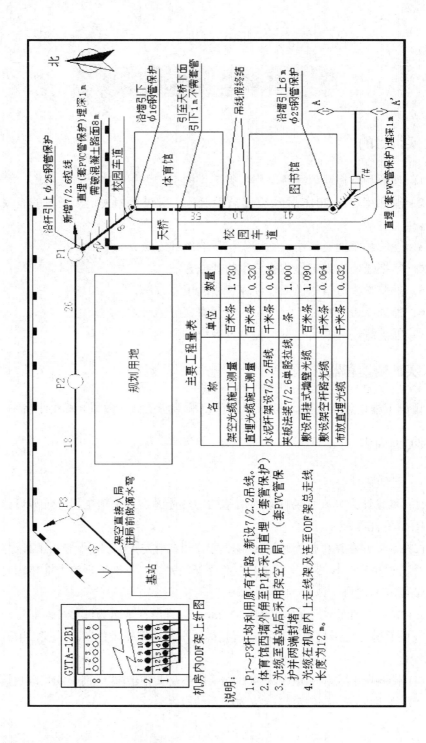

(a) 施工图Ⅰ

主要工程量表

名　称	单位	数量
架空光缆施工测量	百米条	1.730
直埋光缆施工测量	百米条	0.320
水泥杆架设7/2.2吊线	千米条	0.064
夹板法装7/2.6单股拉线	条	1.000
敷设吊挂式墙壁光缆	百米条	1.090
敷设架空杆路光缆	千米条	0.064
布放直埋光缆	千米条	0.032

说明:
1. P1~P3杆均利用原有杆路,新设7/2.2吊线。
2. 体育馆西墙外角至P1杆用直埋(套管保护),
   体育馆至基站采用架空入局。(套PVC管保护)
3. 光缆至基站后端用架空局。(套PVC管保
   护并两端封堵)
4. 光缆在机房内上走线架及连至ODF架总走线
   长度为12 m。

机房内ODF架上纤图

GYTA-12B1

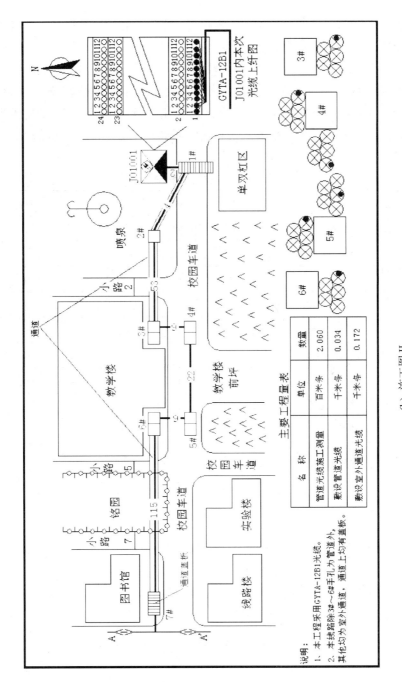

图 J6-1 ××学院移动通信基站中继光缆线路工程施工图

(b) 施工图图II

(6) 本工程勘察设计费(除税价)2600 元，监理费(除税价)1600 元，服务费税率按 6%计取。

(7) 本工程不计取建设用地及综合赔补费、项目建设管理费、已完工程及设备保护费、运土费、工程排污费、建设期利息、可行性研究费、研究实验费、环境影响评价费、专利及专用技术使用费、生产准备及开办费、其他费用等费用。

(8) 本工程采用一般计税方式，材料均由建筑服务方提供。所需主材及单价如表 J6-1 所示。

表 J6-1 主材及单价表

序号	名　称	规格型号	单位	除税价(元)	增值税税率
1	光缆		m	2.4	17%
2	塑料管	$\phi 80 \sim \phi 100$	m	3.5	17%
3	电缆挂钩		只	0.3	17%
4	防水材料		套	30	17%
5	拉线衬环(小号)		个	10	17%
6	光缆成端接头材料		套	60	17%
7	聚乙烯塑料管		m	55	17%
8	聚乙烯波纹管		m	3.6	17%
9	保护软管		m	10.8	17%
10	胶带		盘	2.2	17%
11	托板垫		块	8.8	17%
12	水泥		kg	0.4	17%
13	中粗砂		kg	0.05	17%
14	水泥拉线盘		套	46	17%
15	镀锌铁线	$\phi 1.5$	kg	6.5	17%
16	镀锌铁线	$\phi 4.0$	kg	7.6	17%
17	镀锌铁线	$\phi 3.0$	kg	7.6	17%
18	光缆托板		块	6.8	17%
19	管材(直)		根	24	17%

序号	名 称	规格型号	单位	除税价(元)	增值税税率
20	管材(弯)		根	7.7	17%
21	钢管卡子		副	4.8	17%
22	挂钩		只	0.3	17%
23	U型钢卡		副	8	17%
24	拉线衬环		个	15	17%
25	膨胀螺栓	M12	副	0.6	17%
26	终端转角墙担		根	16	17%
27	中间支撑物		套	15	17%
28	挂钩		个	0.32	17%
29	镀锌钢绞线		kg	9.6	17%
30	地锚铁柄		套	20	17%
31	三眼双槽夹板		块	12	17%
32	拉线抱箍		套	11.5	17%
33	吊线箍		副	13.5	17%
34	三眼单槽夹板		副	9.2	17%
35	镀锌穿钉	50	副	7.8	17%
36	镀锌穿钉	100	副	16	17%
37	标志牌		m	1.5	17%

2. 实训内容

编制该施工图一阶段设计预算。

四、总结与体会

【参考答案】

1. 工程量的统计

图 J6-1(a)对应的工程量计算如下：

(1) 光缆工程施工测量(架空)：数量 = 20 + 18 + 26 + 58 + 10 + 41 = 173 m。

(2) 单盘检验(光缆)：数量 = 12 芯 × 1 盘 = 12 芯盘。

(3) 光缆工程施工测量(直埋)：数量 = 22 + 8 + 2 = 32 m。

(4) 挖、夯填光缆沟(普通土)：假设采用不放坡，沟深和沟宽分别为 0.8 m 和 0.3 m，则数量 = 0.8 × 0.3 × 32 = 7.68 m³。

(5) 人工开挖路面(混凝土，100 mm 以内)：数量 = 0.3 × 8 = 2.4 m²。

(6) 平原地区敷设埋式光缆(36 芯以下)：数量 = 22 + 8 + 2 = 32 m。

(7) 铺管保护(塑料管)：数量 = 22 + 8 + 2 = 32 m。

(8) 水泥杆夹板法装 7/2.6 单股拉线(综合土)：数量 = 1 条。

(9) 水泥杆架设 7/2.2 吊线(平原)：数量 = 20 + 18 + 26 = 64 m。

(10) 挂钩法架设架空光缆(平原，36 芯以下)：数量 = 20 + 18 + 26 = 64 m。

(11) 打穿楼墙洞(砖墙)：数量 = 1 个。

(12) 安装引上钢管(φ50 以下，杆上)：数量 = 1 根；安装引上钢管(φ50 以下，墙上)：数量 = 2 根。

(13) 进局光(电)缆防水封堵：数量 = 1 处。

(14) 穿放引上光缆：数量 = 3 条。

(15) 架设吊线式墙壁光缆：数量 = 58 + 10 + 41 = 109 m。

(16) 桥架内明布光缆：数量 = 12 m。

(17) 光缆成端接头(束状)：数量 = 12 芯。

图 J6-1(b)对应的工程量计算如下：

(1) 光缆工程施工测量(管道)：数量 = 115 + 6 + 22 + 6 + 53 + 4 = 206 m。

(2) 敷设管道光缆(12 芯以下)：数量 = 6 + 22 + 6 = 34 m。

(3) 敷设室外通道光缆(12 芯以下)：数量 = 115 + 53 + 4 = 172 m。

(4) 40 km 以下光缆中继段测试(12 芯以下)：数量 = 1 中继段。

(5) 打人(手)孔墙洞(砖砌人孔，3 孔管以下)：数量 = 1 处。

(6) 光缆成端接头(束状)：数量 = 12 芯。

将上述计算出来的数据用工程量表格表示，如表 J6-2 所示。

表 J6-2 施工图 J6-1 中的主要工程量统计表

序号	定额编号	项 目 名 称	定额单位	数量
1	TXL1-002	架空光(电)缆工程施工测量	百米	1.73
2	TXL1-006	光缆单盘检验	芯盘	12
3	TXL1-001	光缆工程施工测量(直埋)	百米	0.32
4	TXL2-007	挖、夯填光缆沟(普通土)	百立方米	0.0768
5	TXL1-008	人工开挖路面(混凝土,100 mm 以内)	百平方米	0.024
6	TXL2-015	平原地区敷设埋式光缆(36 芯以下)	千米条	0.032
7	TXL2-110	铺管保护(塑料管)	m	32
8	TXL3-054	水泥杆夹板法装 7/2.6 单股拉线(综合土)	条	1
9	TXL3-168	水泥杆架设 7/2.2 吊线(平原)	千米条	0.064
10	TXL3-187	挂钩法架设架空光缆(平原,36 芯以下)	千米条	0.064
11	TXL4-037	打穿楼墙洞(砖墙)	个	1
12	TXL4-043	安装引上钢管($\phi50$ 以下,杆上)	根	1
13	TXL4-044	安装引上钢管($\phi50$ 以下,墙上)	根	2
14	TXL4-048	进局光(电)缆防水封堵	处	1
15	TXL4-050	穿放引上光缆	条	3
16	TXL4-053	架设吊线式墙壁光缆	百米条	1.09
17	TXL5-074	桥架内明布光缆	百米条	0.12
18	TXL6-005	光缆成端接头(束状)	芯	24
19	TXL1-003	光缆工程施工测量(管道)	百米	2.06
20	TXL4-011	敷设管道光缆(12 芯以下)	千米条	0.034
21	TXL4-011	敷设室外通道光缆(12 芯以下)	千米条	0.172
22	TXL6-072	40 km 以下光缆中继段测试(12 芯以下)	中继段	1
23	TXL4-033	打人(手)孔墙洞(砖砌人孔,3 孔管以下)	处	1

2. 预算表的填写。

(1) (表三)甲、(表三)乙、(表三)丙和(表四)甲的填写。

根据统计出的工程量，查《信息通信线路工程预算定额》手册完成(表三)甲、(表三)乙、(表三)丙的填写，分别如表 J6-3～表 J6-5 所示。

表 J6-3　建筑安装工程量预算表(表三)甲

工程名称：××中继光缆线路单项工程　　　　建设单位名称：××移动通信公司

表格编号：TXL-3甲　　　　第　全　页

序号	定额编号	项 目 名 称	单位	数量	单位定额值(工日)		合计值(工日)	
					技工	普工	技工	普工
I	II	III	IV	V	VI	VII	VIII	IX
1	TXL1-002	架空光(电)缆工程施工测量	百米	1.73	0.46	0.12	0.7958	0.2076
2	TXL1-006	光缆单盘检验	芯盘	12	0.02	0	0.24	0
3	TXL1-001	光缆工程施工测量(直埋)	百米	0.32	0.56	0.14	0.1792	0.0448
4	TXL2-007	挖、夯填光缆沟(普通土)	百立方米	0.0768	0	40.88	0	3.139 584
5	TXL1-008	人工开挖路面(混凝土，100 mm 以内)	百平方米	0.024	3.33	24.25	0.079 92	0.582
6	TXL2-015	平原地区敷设埋式光缆(36 芯以下)	千米条	0.032	5.88	26.88	0.018 816	0.086 016
7	TXL2-110	铺管保护(塑料管)	m	32	0.01	0.1	0.32	3.2
8	TXL3-054	水泥杆夹板法装 7/2.6 单股拉线(综合土)	条	1	0.84	0.6	0.84	0.6
9	TXL3-168	水泥杆架设 7/2.2 吊线(平原)	千米条	0.064	3	3.25	0.192	0.208
10	TXL3-187	挂钩法架设架空光缆(平原，36 芯以下)	千米条	0.064	6.31	5.13	0.403 84	0.328 32
11	TXL4-037	打穿楼墙洞(砖墙)	个	1	0.07	0.06	0.07	0.06

序号	定额编号	项 目 名 称	单位	数量	单位定额值 (工日)		合计值 (工日)	
					技工	普工	技工	普工
I	II	III	IV	V	VI	VII	VIII	IX
12	TXL4-043	安装引上钢管 (φ50 以下，杆上)	根	1	0.2	0.2	0.2	0.2
13	TXL4-044	安装引上钢管 (φ50 以下，墙上)	根	2	0.25	0.25	0.5	0.5
14	TXL4-048	进局光缆防水封堵	处	1	0.13	0.13	0.13	0.13
15	TXL4-050	穿放引上光缆	条	3	0.52	0.52	1.56	1.56
16	TXL4-053	架设吊线式墙壁光缆	百米条	1.09	2.75	2.75	2.9975	2.9975
17	TXL5-074	桥架内明布光缆	百米条	0.12	0.4	0.4	0.0048	0.0048
18	TXL6-005	光缆成端接头 (束状)	芯	24	0.15	0	3.6	0
19	TXL1-003	光缆工程施工测量 (管道)	百米	2.06	0.35	0.09	0.721	0.1854
20	TXL4-011	敷设管道光缆 (12 芯以下)	千米条	0.034	5.5	10.94	0.187	0.371 96
21	TXL4-011	敷设室外通道光缆 (12 芯以下)	千米条	0.172	3.85	7.658	0.6622	1.317 176
22	TXL6-072	40 km 以下光缆中继 段测试(12 芯以下)	中继段	1	1.84	0	1.84	0
23	TXL4-033	打人(手)孔墙洞(砖砌 人孔，3 孔管以下)	处	1	0.36	0.36	0.36	0.36
24		小　计					15.902 076	16.083 156
25		系数调整后合计(小计×1.15)					18.287 387 4	18.495 629 4

设计负责人：×××　审核：×××　编制：×××　编制日期：××××年××月

表 J6-4 建筑安装工程机械使用费预算表（表三）乙

工程名称：××中继光缆线路单项工程　　建设单位名称：××移动通信公司

表格编号：TXL-3 乙　　第　　全　　页

序号	定额编号	项 目 名 称	单位	数量	机械名称	单位定额值		合计值	
						消耗量 （台班）	单价 （元）	消耗量 （台班）	合价 （元）
I	II	III	IV	V	VI	VII	VIII	IX	X
1	TXL2-007	挖、夯填光缆沟（普通土）	百立方米	0.0768	夯实机	0.75	117	0.0576	6.7392
2	TXL1-008	人工开挖路面（混凝土，100 mm 以内）	百平方米	0.024	路面切割机	0.5	210	0.012	2.52
3	TXL1-008	人工开挖路面（混凝土，100 mm 以内）	百平方米	0.024	燃油式空气压缩机（含风镐）	0.85	372	0.0204	7.5888
4	TXL6-006	光缆成端端接头（束状）	芯	24	光纤熔接机	0.03	144	0.72	103.68
5				合　计					120.528

设计负责人：×××　　审核：×××　　编制：×××　　编制日期：××××年××月

表 J6-5　建筑安装工程仪表使用费预算表(表三)丙

工程名称：××中继光缆线路单项工程　　建设单位名称：××移动通信公司　　表格编号：TXL-3 丙　　第　全　页

序号	定额编号	项目名称	单位	数量	仪表名称	单位定额值		合计值	
						消耗量(台班)	单价(元)	消耗量(台班)	合价(元)
I	II	III	IV	V	VI	VII	VIII	IX	X
1	TXL1-002	架空光(电)缆工程施工测量	百米	1.73	激光测距仪	0.05	119	0.0865	10.2935
2	TXL1-006	光缆单盘检验	芯盘	12	光时域反射仪	0.05	153	0.6	91.8
3	TXL1-001	光缆工程施工测量(直埋)	百米	0.32	地下管线探测仪	0.05	157	0.016	2.512
4	TXL1-001	光缆工程施工测量(直埋)	百米	0.32	激光测距仪	0.04	119	0.0128	1.5232
5	TXL6-006	光缆成端接头(束状)	芯	24	光时域反射仪	0.05	153	1.2	183.6
6	TXL1-003	光缆工程施工测量(管道)	百米	2.06	激光测距仪	0.04	119	0.0824	9.8056
7	TXL4-011	敷设管道光缆(12芯以下)	千米条	0.034	有毒有害气体检测仪	0.25	117	0.0085	0.9945

续表

序号	定额编号	项 目 名 称	单位	数量	仪表名称	单位定额值		合计值	
						消耗量 (台班)	单价 (元)	消耗量 (台班)	合 价 (元)
I	II	III	IV	V	VI	VII	VIII	IX	X
8	TXL4-011	敷设管道光缆(12芯以下)	千米条	0.034	可燃气体检测仪	0.25	117	0.0085	0.9945
9	TXL4-011	敷设室外通道光缆(12芯以下)	千米条	0.172	有毒有害气体检测仪	0.25	117	0.043	5.031
10	TXL4-011	敷设室外通道光缆(12芯以下)	千米条	0.172	可燃气体检测仪	0.25	117	0.043	5.031
11	TXL6-072	40 km以下光缆中继段测试(12芯以下)	中继段	1	光时域反射仪	0.3	153	0.3	45.9
12	TXL6-072	40 km以下光缆中继段测试(12芯以下)	中继段	1	稳定光源	0.3	117	0.3	35.1
13	TXL6-072	40 km以下光缆中继段测试(12芯以下)	中继段	1	光功率计	0.3	116	0.3	34.8
14		合 计							427.3853

设计负责人：×××　　　　审核：×××　　　　编制：×××　　　　编制日期：××××年××月

在填写(表四)甲主材表时，应根据费用定额对材料进行分类(包括光缆、电缆、塑料及塑料制品、木材及木制品、水泥及水泥构件以及其他)并分开罗列，以便计算其运杂费。有关材料单价可以从表 J6-1 中查找。

依据以上统计的工程量列表，将其对应材料进行统计，如表 J6-6 所示。

表 J6-6　工程主材用量统计表

序号	定额编号	项目名称	工程量	主材名称	规格型号	单位	定额量	使用量
1	TXL2-015	平原地区敷设埋式光缆(36 芯以下)	0.0032	光缆	GYTA-12B1	m	1005	3.216
2	TXL2-110	铺管保护(塑料管)	32	塑料管	φ80～φ100	m	1.01	32.32
3	TXL3-054	水泥杆夹板法装 7/2.6 单股拉线(综合土)	1	镀锌钢绞线		kg	3.8	3.8
4	TXL3-054	水泥杆夹板法装 7/2.6 单股拉线(综合土)	1	镀锌铁线 φ1.5		kg	0.04	0.04
5	TXL3-054	水泥杆夹板法装 7/2.6 单股拉线(综合土)	1	镀锌铁线 φ3.0		kg	0.55	0.55
6	TXL3-054	水泥杆夹板法装 7/2.6 单股拉线(综合土)	1	镀锌铁线 φ4.0		kg	0.22	0.22
7	TXL3-054	水泥杆夹板法装 7/2.6 单股拉线(综合土)	1	地锚铁柄		套	1.01	1.01
8	TXL3-054	水泥杆夹板法装 7/2.6 单股拉线(综合土)	1	水泥拉线盘		套	1.01	1.01
9	TXL3-054	水泥杆夹板法装 7/2.6 单股拉线(综合土)	1	三眼双槽夹板		副	2.02	2.02

序号	定额编号	项目名称	工程量	主材名称	规格型号	单位	定额量	使用量
10	TXL3-054	水泥杆夹板法装 7/2.6 单股拉线(综合土)	1	拉线衬环		个	2.02	2.02
11	TXL3-054	水泥杆夹板法装 7/2.6 单股拉线(综合土)	1	拉线抱箍		套	1.01	1.01
12	TXL3-168	水泥杆架设 7/2.2 吊线(平原)	0.064	镀锌钢绞线		kg	221.27	14.161 28
13	TXL3-168	水泥杆架设 7/2.2 吊线(平原)	0.064	镀锌穿钉(长 50)		副	22.22	1.422 08
14	TXL3-168	水泥杆架设 7/2.2 吊线(平原)	0.064	镀锌穿钉(长 100)		副	1.01	0.064 64
15	TXL3-168	水泥杆架设 7/2.2 吊线(平原)	0.064	吊线箍		套	22.22	1.422 08
16	TXL3-168	水泥杆架设 7/2.2 吊线(平原)	0.064	三眼单槽夹板		副	22.22	1.422 08
17	TXL3-168	水泥杆架设 7/2.2 吊线(平原)	0.064	镀锌铁线 $\phi 4.0$		kg	2	0.128
18	TXL3-168	水泥杆架设 7/2.2 吊线(平原)	0.064	镀锌铁线 $\phi 30$		kg	1	0.064
19	TXL3-168	水泥杆架设 7/2.2 吊线(平原)	0.064	镀锌铁线 $\phi 1.5$		kg	0.1	0.0064
20	TXL3-168	水泥杆架设 7/2.2 吊线(平原)	0.064	拉线抱箍		套	4.04	0.258 56
21	TXL3-168	水泥杆架设 7/2.2 吊线(平原)	0.064	拉线衬环		个	8.08	0.517 12
22	TXL3-187	挂钩法架设架空光缆(平原，36 芯以下)	0.064	光缆		m	1007	64.448

序号	定额编号	项目名称	工程量	主材名称	规格型号	单位	定额量	使用量
23	TXL3-187	挂钩法架设架空光缆（平原，36芯以下）	0.064	电缆挂钩		只	2060	131.84
24	TXL3-187	挂钩法架设架空光缆（平原，36芯以下）	0.064	保护软管		m	25	1.6
25	TXL3-187	挂钩法架设架空光缆（平原，36芯以下）	0.064	镀锌铁线 φ1.5		kg	1.02	0.065 28
26	TXL4-037	打穿楼墙洞（砖墙）	1	水泥 32.5		kg	1	1
27	TXL4-037	打穿楼墙洞（砖墙）	1	中粗砂		kg	2	2
28	TXL4-043	安装引上钢管（φ50以下，杆上）	1	管材(直)		根	1.01	1.01
29	TXL4-043	安装引上钢管（φ50以下，杆上）	1	管材(弯)		根	1.01	1.01
30	TXL4-043	安装引上钢管（φ50以下，杆上）	1	镀锌铁线 φ4.0		kg	1.2	1.2
31	TXL4-044	安装引上钢管（φ50以下，墙上）	2	管材(直)		根	1.01	2.02
32	TXL4-044	安装引上钢管（φ50以下，墙上）	2	管材(弯)		根	1.01	2.02
33	TXL4-044	安装引上钢管（φ50以下，墙上）	2	钢管卡子		副	2.02	4.04
34	TXL4-048	进局光(电)缆防水封堵	1	防水材料		套	1	1
35	TXL4-050	穿放引上光缆	3	光缆		m	6	18
36	TXL4-050	穿放引上光缆	3	镀锌铁线 φ1.5		kg	0.1	0.3

序号	定额编号	项目名称	工程量	主材名称	规格型号	单位	定额量	使用量
37	TXL4-050	穿放引上光缆	3	聚乙烯塑料管		m	6	18
38	TXL4-053	架设吊线式墙壁光缆	1.09	光缆		m	100.7	109.763
39	TXL4-053	架设吊线式墙壁光缆	1.09	挂钩		只	206	224.54
40	TXL4-053	架设吊线式墙壁光缆	1.09	U 型钢卡 $\phi 6.0$		副	14.28	15.5652
41	TXL4-053	架设吊线式墙壁光缆	1.09	拉线衬环（小号）		个	4.04	4.4036
42	TXL4-053	架设吊线式墙壁光缆	1.09	膨胀螺栓 M12		副	24.24	26.4216
43	TXL4-053	架设吊线式墙壁光缆	1.09	终端转角墙担		根	4.04	4.4036
44	TXL4-053	架设吊线式墙壁光缆	1.09	中间支撑物		套	8.08	8.8072
45	TXL4-053	架设吊线式墙壁光缆	1.09	镀锌铁线 $\phi 1.5$		kg	0.1	0.109
46	TXL5-074	桥架内明布光缆	0.012	光缆		m	102	1.224
47	TXL6-006	光缆成端接头（束状）	24	光缆成端接头材料		套	1.01	24.24
48	TXL4-011	敷设管道光缆（12 芯以下）	0.034	聚乙烯波纹管		m	26.7	0.9078
49	TXL4-011	敷设管道光缆（12 芯以下）	0.034	胶带(PVC)		盘	52	1.768
50	TXL4-011	敷设管道光缆（12 芯以下）	0.034	镀锌铁线 $\phi 1.5$		kg	3.05	0.1037

序号	定额编号	项目名称	工程量	主材名称	规格型号	单位	定额量	使用量
51	TXL4-011	敷设管道光缆(12 芯以下)	0.034	光缆		m	1015	34.51
52	TXL4-011	敷设管道光缆(12 芯以下)	0.034	光缆托板		块	48.5	1.649
53	TXL4-011	敷设管道光缆(12 芯以下)	0.034	托板垫		块	48.5	1.649
54	TXL4-011	敷设室外通道光缆(12 芯以下)	0.172	聚乙烯波纹管		m	26.7	4.5924
55	TXL4-011	敷设室外通道光缆(12 芯以下)	0.172	胶带(PVC)		盘	52	8.944
56	TXL4-011	敷设室外通道光缆(12 芯以下)	0.172	镀锌铁线 $\phi1.5$		kg	3.05	0.5246
57	TXL4-011	敷设室外通道光缆(12 芯以下)	0.172	光缆		m	1015	174.58
58	TXL4-011	敷设室外通道光缆(12 芯以下)	0.172	光缆托板		块	48.5	8.342
59	TXL4-011	敷设室外通道光缆(12 芯以下)	0.172	托板垫		块	48.5	8.342
60	TXL4-033	打人(手)孔墙洞(砖砌人孔,3 孔管以下)	1	水泥 32.5		kg	5	5
61	TXL4-033	打人(手)孔墙洞(砖砌人孔,3 孔管以下)	1	中粗砂		kg	10	10

根据费用定额有关主材的分类原则,将表 J6-6 的同类项合并后就得到了表 J6-7 的主材用量分类汇总表。

表 J6-7　主材用量分类汇总表

序号	类别	名　　称	规格	单位	使用量
1	光缆	光缆	GYTA-12B1	m	405.741
2	塑料及塑料制品	塑料管	φ80～φ100	m	32.32
3		保护软管		m	1.6
4		管材(直)		根	3.03
5		管材(弯)		根	3.03
6		聚乙烯塑料管		m	18
7		聚乙烯波纹管		m	5.5002
8	水泥及水泥构件	水泥拉线盘		套	1.01
9		水泥 32.5		kg	6
10		中粗砂		kg	12
11	其他	镀锌铁线φ1.5		kg	1.148 98
12		镀锌铁线φ3.0		kg	0.614
13		镀锌铁线φ4.0		kg	1.548
14		U 型钢卡φ6.0		副	15.5652
15		镀锌钢绞线		kg	17.961 28
16		拉线衬环		个	2.537 12
17		拉线抱箍		套	1.268 56
18		托板垫		块	9.991
19		光缆托板		块	9.991
20		胶带(PVC)		盘	10.712
21		地锚铁柄		套	1.01
22		三眼双槽夹板		副	2.02
23		镀锌穿钉(长 50)		副	1.422 08
24		镀锌穿钉(长 100)		副	0.064 64
25		吊线箍		套	1.422 08

序号	类别	名　称	规格	单位	使用量
26	其他	三眼单槽夹板		副	1.422 08
27		电缆挂钩		只	131.84
28		钢管卡子		副	4.04
29		防水材料		套	1
30		挂钩		只	224.54
31		拉线衬环(小号)		个	4.4036
32		膨胀螺栓 M12		副	26.4216
33		终端转角墙担		根	4.4036
34		中间支撑物		套	8.8072
35		光缆成端接头材料		套	24.24

将表 J6-7 主材用量填入预算表(表四)甲中,并根据国内配套主材的运距都为 400 km 查各类材料的运杂费的费率,如表 J6-8 所示。

表 J6-8　国内器材预算表(表四)甲

(主要材料)表

工程名称:××中继光缆线路单项工程　　　建设单位名称:××移动通信公司

表格编号:TXL-4 甲 A　　　　第　　全　　页

序号	名称	规格程式	单位	数量	单价(元)	合计(元)			备注
					除税价	除税价	增值税	含税价	
Ⅰ	Ⅱ	Ⅲ	Ⅳ	Ⅴ	Ⅵ	Ⅶ	Ⅷ	Ⅸ	Ⅹ
1	光缆	GYTA-12B1	m	405.741	2.4	973.7784	165.542 328	1139.320 728	
		光缆类小计 1				973.7784	165.542 328	1139.320 728	
		运杂费(小计 1×1.8%)				17.528 011 2	2.979 761 904	20.507 773 1	
		运输保险费(小计 1×0.1%)				0.973 778 4	0.165 542 328	1.139 320 728	
		采购保管费(小计 1×1.1%)				10.711 562 4	1.820 965 608	12.532 528 01	
		光缆类合计 1				1002.991 752	170.508 597 8	1173.500 35	

序号	名称	规格程式	单位	数量	单价(元)	合计(元)			备注
					除税价	除税价	增值税	含税价	
I	II	III	IV	V	VI	VII	VIII	IX	X
2	塑料管	$\phi80\sim\phi100$	m	32.32	3.5	113.12	19.2304	132.3504	
3	保护软管		m	1.6	10.8	17.28	2.9376	20.2176	
4	管材(直)		根	3.03	24	72.72	12.3624	85.0824	
5	管材(弯)		根	3.03	7.7	23.331	3.96627	27.297 27	
6	聚乙烯塑料管		m	18	55	990	168.3	1158.3	
7	聚乙烯波纹管		m	5.5002	3.6	19.800 72	3.366 122 4	23.166 842 4	
	塑料类小计2					1236.251 72	210.162 792 4	1446.414 512	
	运杂费(小计2×5.8%)					71.702 599 76	12.189 441 96	83.892 041 72	
	运输保险费(小计2×0.1%)					1.236 251 72	0.210 162 792	1.446 414 512	
	采购保管费(小计2×1.1%)					13.598 768 92	2.311 790 716	15.910 559 64	
	塑料类合计2					1322.789 34	224.874 187 9	1547.663 528	
8	水泥拉线盘		套	1.01	46	46.46	7.8982	54.3582	
9	水泥 32.5		kg	6	0.4	2.4	0.408	2.808	
10	中粗砂		kg	12	0.05	0.6	0.102	0.702	
	水泥及水泥制品类小计3					49.46	8.4082	57.8682	
	运杂费(小计3×24.5%)					12.1177	2.060 009	14.177 709	
	运输保险费(小计3×0.1%)					0.049 46	0.008 408 2	0.057 868 2	
	采购保管费(小计3×1.1%)					0.544 06	0.092 490 2	0.636 550 2	
	水泥及水泥制品类合计3					62.171 22	10.569 107 4	72.740 327 4	
11	镀锌铁线 $\phi1.5$		kg	1.148 98	6.5	7.468 37	1.269 622 9	8.737 992 9	

序号	名称	规格程式	单位	数量	单价(元)	合计(元)			备注
					除税价	除税价	增值税	含税价	
I	II	III	IV	V	VI	VII	VIII	IX	X
12	镀锌铁线 φ3.0		kg	0.614	7.6	4.6664	0.793 288	5.459 688	
13	镀锌铁线 φ4.0		kg	1.548	7.6	11.7648	2.000 016	13.76 4816	
14	U 型钢卡 φ6.0		副	15.5652	8	124.5216	21.168 672	145.690 272	
15	镀锌钢绞线		kg	17.961 28	9.6	172.428 288	29.312 808 96	201.741 097	
16	拉线衬环		个	2.537 12	15	38.0568	6.469 656	44.526 456	
17	拉线抱箍		套	1.268 56	11.5	14.588 44	2.480 034 8	17.068 474 8	
18	托板垫		块	9.991	8.8	87.9208	14.946 536	102.867 336	
19	光缆托板		块	9.991	6.8	67.9388	11.549 596	79.488 396	
20	胶带(PVC)		盘	10.712	2.2	23.5664	4.006 288	27.572 688	
21	地锚铁柄		套	1.01	20	20.2	3.434	23.634	
22	三眼双槽夹板		副	2.02	12	24.24	4.1208	28.3608	
23	镀锌穿钉 (长 50)		副	1.422 08	7.8	11.092 224	1.885 678 08	12.977 902 08	
24	镀锌穿钉 (长 100)		副	0.064 64	16	1.034 24	0.175 820 8	1.210 060 8	
25	吊线箍		套	1.422 08	13.5	19.198 08	3.263 673 6	22.461 753 6	
26	三眼单槽夹板		副	1.422 08	9.2	13.083 136	2.224 133 12	15.307 269 12	
27	电缆挂钩		只	131.84	0.3	39.552	6.723 84	46.275 84	
28	钢管卡子		副	4.04	4.8	19.392	3.296 64	22.688 64	
29	防水材料		套	1	30	30	5.1	35.1	

序号	名称	规格程式	单位	数量	单价(元)	合计(元)			备注
					除税价	除税价	增值税	含税价	
I	II	III	IV	V	VI	VII	VIII	IX	X
30	挂钩		只	224.54	0.32	71.8528	12.214 976	84.067 776	
31	拉线衬环(小号)		个	4.4036	10	44.036	7.486 12	51.522 12	
32	膨胀螺栓 M12		副	26.4216	0.6	15.852 96	2.695 003 2	18.547 963 2	
33	终端转角墙担		根	4.4036	16	70.4576	11.977 792	82.435 392	
34	中间支撑物		套	8.8072	15	132.108	22.458 36	154.566 36	
35	光缆成端接头材料		套	24.24	60	1454.4	247.248	1701.648	
	其他类小计 4					2519.419 738	428.301 355 5	2947.721 093	
	运杂费(小计 4×4.8%)					120.932 147 4	20.558 465 06	141.490 612 5	
	运输保险费(小计 4×0.1%)					2.519 419 738	0.428 301 355	2.947 721 093	
	采购保管费(小计 4×1.1%)					27.713 617 12	4.711 314 91	32.424 932 03	
	其他类合计 4					2670.584 922	453.999 436 8	3124.584 359	
	总计(合计 1 + 合计 2 + 合计 3 + 合计 4)					5058.537 235	859.951 329 9	5918.488 565	

设计负责人：×××　审核：×××　编制：×××　编制日期：××××年××月

要注意的是，在进行主材统计时，若定额子目表主要材料栏中材料定额量是带有括号的和以分数表示的，则表示供系统设计选用，即可选可不选，应根据工程技术要求或工艺流程来决定；而以"*"号表示的是由设计确定其用量，即设计中需要根据工程技术要求或工艺流程来决定其用量。

(2) 预算表(表二)和预算表(表五)甲的填写。

① 填写预算表(表二)。

填写预算表(表二)时，应严格按照题中给定的各项工程建设条件确定每项费用的费率及计费基础。和使用预算定额一样，必须时刻注意费用定额中的有关特殊情况的注解和说明，同时填写在表二的"依据和计算方法"

一栏中。

(a) 施工企业距工程所在地距离为 200 km，所以临时设施费费率为 5%。

(b) 工程所在地为江苏非特殊地区，所以特殊地区施工增加费为 0 元。

(c) 本工程为平原地区，非城区，所以不计取工程干扰费。

(d) 本工程预算内施工用水、电、蒸汽费按 300 元计取，不计列工程排污费、已完工程及设备保护费、运土费。

(e) 从(表三)乙可以看出，本次工程无大型施工机械，所以无"大型施工机械调遣费"。

(f) 因本工程为建筑方提供主材，无甲供材料，所以销项税额＝建筑安装工程费(除税价)×11%。

(g) 建筑安装工程费(含税价)＝建筑安装工程费(除税价)＋销项税额。

由此完成的建筑安装工程费用预算表(表二)如表 J6-9 所示。

表 J6-9 建筑安装工程费用预算表(表二)

工程名称：××中继光缆线路单项工程　　　　建设单位名称：××移动通信公司

编号：TXL-2　　　　　第　全　页

序号	费用名称	依据和计算方法	合计(元)
I	II	III	IV
	建筑安装工程费(含税价)	一＋二＋三＋四	15 729.625 57
	建筑安装工程费(除税价)	一＋二＋三	14 170.833 85
一	直接费	(一)＋(二)	11 565.415 75
(一)	直接工程费	1＋2＋3＋4	8834.621 703
1	人工费	(1)＋(2)	3212.995 557
(1)	技工费	技工工日×114 元/工日	2084.762 164
(2)	普工费	普工工日×61 元/工日	1128.233 393
2	材料费	(1)＋(2)	5073.712 846
(1)	主要材料费	主要材料表	5058.537 235
(2)	辅助材料费	主要材料费×0.3%	15.175 611 7
3	机械使用费	表三乙	120.528

序号	费用名称	依据和计算方法	合计(元)
Ⅰ	Ⅱ	Ⅲ	Ⅳ
4	仪表使用费	表三丙	427.3853
(二)	措施费	1+2+3+…+15	2730.794 045
1	文明施工费	人工费×1.5%	48.194 933 36
2	工地器材搬运费	人工费×3.4%	109.241 848 9
3	工程干扰费	不计	0
4	工程点交、场地清理费	人工费×3.3%	106.028 853 4
5	临时设施费	人工费×5%	160.649 777 9
6	工程车辆使用费	人工费×5%	160.649 777 9
7	夜间施工增加费	不计	0
8	冬雨季施工增加费	人工费×1.8%	57.833 920 03
9	生产工具用具使用费	人工费×1.5%	48.194 933 36
10	施工用水、电、蒸汽费	按实计列	300
11	特殊地区施工增加费	不计	0
12	已完工程及设备保护费	不计	0
13	运土费	不计	0
14	施工队伍调遣费	单程调遣定额×调遣人数×2	1740
15	大型施工机械调遣费	不计	0
二	间接费	(一)+(二)	1962.818 986
(一)	规费	1+2+3+4	1082.458 203
1	工程排污费	不计	0
2	社会保障费	人工费×28.5%	915.703 733 7
3	住房公积金	人工费×4.19%	134.624 513 8
4	危险作业意外伤害保险费	人工费×1%	32.129 955 57

序号	费用名称	依据和计算方法	合计(元)
Ⅰ	Ⅱ	Ⅲ	Ⅳ
(二)	企业管理费	人工费×27.4%	880.360 782 6
三	利润	人工费×20%	642.599 111 4
四	销项税额	建筑安装工程费(除税价)×适用税率	1558.791 723

设计负责人：×××　　审核：×××　　编制：×××　　编制日期：××××年××月

② 填写预算表(表五)甲。

(a) 由已知条件可知，安全生产费以建筑安装工程费为计费基础，相应费率为1.5%。即

安全生产费(除税价)＝建筑安装工程费×1.5%＝14 170.833 85×1.5%

＝212.562 507 7元；

安全生产费(增值税)＝212.562 507 7×11%＝23.381 875 84元；

安全生产费(含税价)＝安全生产费(除税价)＋安全生产费的增值税

＝212.562 507 7＋23.381 875 84＝235.944 383 5元；

(b) 本工程勘察设计费(除税价)为2600元；

勘察设计费的增值税＝2600×6%＝156.00元；

勘察设计费(含税价)＝2600＋156＝2756.00元。

(c) 本工程监理费(除税价)为1600元；

监理费的增值税＝1600×6%＝96.00元；

监理费(含税价)＝1600＋96.00＝1696.00元。

由此完成的工程建设其他费预算表(表五)甲如表J6-10所示。

表J6-10　工程建设其他费预算表(表五)甲

工程名称：××中继光缆线路单项工程　　　　建设单位名称：××移动通信公司

表格编号：TXL-5甲　　　　　第　　全　　页

序号	费用名称	计算依据及方法	金额(元)			备注
			除税价	增值税	含税价	
Ⅰ	Ⅱ	Ⅲ	Ⅳ	Ⅴ	Ⅵ	Ⅶ
1	建设用地及综合赔补费	不计	0.00	0.00	0.00	

序号	费用名称	计算依据及方法	金额(元)			备注
			除税价	增值税	含税价	
I	II	III	IV	V	VI	VII
2	项目建设管理费	不计	0.00	0.00	0.00	
3	可行性研究费	不计	0.00	0.00	0.00	
4	研究试验费	不计	0.00	0.00	0.00	
5	勘察设计费	已知条件	2600.00	156.00	2756.00	
6	环境影响评价费	不计	0.00	0.00	0.00	
7	建设工程监理费	已知条件	1600	96.00	1696.00	
8	安全生产费	建筑安装工程费(除税价)×1.5%	212.562 507 7	23.381 875 84	235.944 383 5	
9	引进技术及进口设备其他费	不计	0.00	0.00	0.00	
10	工程保险费	不计	0.00	0.00	0.00	
11	工程招标代理费	不计	0.00	0.00	0.00	
12	专利及专利技术使用费	不计	0.00	0.00	0.00	
13	其他费用	不计	0.00	0.00	0.00	
	总计		4412.562 508	275.381 875 8	4687.944 384	
14	生产准备及开办费(运营费)	不计	0.00	0.00	0.00	

设计负责人：×××　　审核：×××　　编制：×××　　编制日期：××××年××月

(3) 表一的填写。

本工程因是一阶段设计，所以计取预备费，且基本预备费费率为4%。其中建筑安装工程费的增值税来自于表二的销项税额，工程建设其他费的增值税来自于表五的增值税列，预备费的增值税费率为17%。填写后的工程预算总表如表J6-11所示。

表 J6-11 工程预算总表(表一)

建设项目名称：×××中继光缆线路工程
工程名称：×××中继光缆线路单项工程　建设单位名称：×××移动通信公司　表格编号：TXL-1　第　全　页

序号	表格编号	费用名称	小型建筑工程费	需要安装的设备费	不需要安装的设备、工器具费	建筑安装工程费	其他费用	预备费	总价值			其中外币
									除税价	增值税	含税价	
			(元)									
I	II	III	IV	V	VI	VII	VIII	IX	X	XI	XII	XIII
1	TXL-2	建筑安装工程费				14 170.833 85			14 170.833 85	1558.791 723	15 729.625 57	
2	TXL-5甲	工程建设其他费					4412.562 508		4412.562 508	275.381 875 8	4687.944 384	
3		合计							18 583.396 36	1834.173 599	20 417.569 95	
4		预备费						743.335 854 3	743.335 854 3	126.367 095 2	869.702 949 5	
5		建设期利息							0	0	0	
6		总计							19 326.732 21	1960.540 694	21 287.2729	
		其中回收费用							0	0	0	

设计负责人：×××　审核：×××　编制：×××

日期：××××年××月

编制

• 119 •

3. 撰写预算编制说明

(1) 工程概况。

本设计为××中继光缆线路单项工程一阶段设计，光缆敷设长度为405.741 m，预算总价值为21 287.2729 元。

(2) 编制依据及有关费用费率的计取。

① 工信部通信〔2016〕451 号关于即发《信息通信建设工程预算定额、工程费用定额及工程概预算编制规程的通知》。

② 《信息通信建设工程预算定额》手册第四册《通信线路工程》。

③ 建筑方提供的材料报价。

④ 本工程勘察设计费(除税价)为 2600 元，监理费(除税价)为 1600 元。预算内施工用水、电、蒸汽费按 300 元计取，不计列"建设用地及综合赔补费""项目建设管理费""已完工程及设备保护费""运土费""工程排污费""建设期利息""可行性研究费""研究实验费""环境影响评价费""专利及专用技术使用费""生产准备及开办费""其他费用"等费用。

(3) 工程技术经济指标分析。

本工程总投资为 21 287.2729 元，其中建筑安装工程费为 15 729.625 57 元，工程建设其他费为 4687.944 384 元，预备费为 869.702 949 5 元，各部分费用所占比例如表 J6-12 所示。

表 J6-12　工程技术经济指标分析表

序 号	项　目	单位	经济指标分析	
			数量	指标(%)
1	工程总投资(预算)	元	21 287.2729	100
2	其中：需要安装的设备	元	0	0
3	建筑安装工程费	元	15 729.625 57	73.89
4	预备费	元	869.702 949 5	4.09
5	工程建设其他费	元	4687.944 384	22.02
6	光缆总皮长	km	0.405 741	
7	折合纤芯公里	纤芯公里	4.868 892	

序 号	项 目	单位	经济指标分析	
			数量	指标(%)
8	皮长造价	元/km	52 465.175 81	
9	单位工程造价	元/纤芯公里	4372.097 985	

(4) 其他需要说明的问题。

无。

参 考 文 献

[1] 工业和信息化部通信工程定额质监中心. 信息通信建设工程概预算管理与实务[M]. 北京：人民邮电出版社，2017.

[2] 工业和信息化部. 关于印发信息通信建设工程预算定额、工程费用定额及工程概预算编制规程的通知(工信部通信〔2016〕451).

[3] 于正永，束美其，谌梅英. 通信工程概预算[M]. 西安：西安电子科技大学出版社，2018.